U0724276

可爱的家园
——我爱地球99

主　　编　中国科普作家协会少儿专业委员会
执行主编　郑延慧
作　　者　袁清林
插图作者　毕树校　毕克菲　苗毓华

广西科学技术出版社

图书在版编目（CIP）数据

可爱的家园：我爱地球 99/ 袁清林著. —南宁：广西
科学技术出版社，2012.8（2020.6 重印）
（科学系列 99 丛书）
ISBN 978-7-80619-561-1

Ⅰ.①可… Ⅱ.①袁… Ⅲ.①环境保护—青年读物
②环境保护—少年读物 Ⅳ.① X-49

中国版本图书馆 CIP 数据核字（2012）第 190635 号

科学系列99丛书
可爱的家园
——我爱地球99
KEAI DE JIAYUAN——WOAI DIQIU 99
袁清林 著

责任编辑 黎志海		封面设计 叁壹明道	
责任校对 谢 军		责任印制 韦文印	

出 版 人 卢培钊
出版发行 广西科学技术出版社
（南宁市东葛路 66 号 邮政编码 530023）
印 刷 永清县晔盛亚胶印有限公司
（永清县工业区大良村西部 邮政编码 065600）
开 本 700mm×950mm 1/16
印 张 11
字 数 155千字
版次印次 2020 年 6 月第 1 版第 5 次
书 号 ISBN 978-7-80619-561-1
定 价 21.80 元

本书如有倒装缺页等问题，请与出版社联系调换。

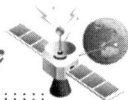

致二十一世纪的主人

钱三强

时代的航船已进入 21 世纪，这个时期，对我们中华民族的前途命运，是个关键的历史时期。现在 10 岁左右的少年儿童，到那时就是驾驭航船的主人，他们肩负着特殊的历史使命。为此，我们现在的成年人都应多为他们着想，为把他们造就成 21 世纪的优秀人才多尽一份心，多出一份力。人才成长，除了主观因素外，在客观上也需要各种物质的和精神的条件，其中，能否源源不断地为他们提供优质图书，对于少年儿童，在某种意义上说，是一个关键性条件。经验告诉人们，往往一本好书可以造就一个人，而一本坏书则可以毁掉一个人。我几乎天天盼着出版界利用社会主义的出版阵地，为我们 21 世纪的主人多出好书。广西科学技术出版社在这方面做出了令人欣喜的贡献。他们特邀我国科普创作界的一批著名科普作家，编辑出版了大型系列化自然科学普及读物——《少年科学文库》。《文库》分"科学知识"、"科技发展史"和"科学文艺"三大类，约计 100 种。《文库》除反映基础学科的知识外，还深入浅出地全面介绍当今世界最新的科学技术成就，充分体现了 90 年代科技发展的前沿水平。现在科普读物已有不少，而《文库》这批读物特具魅力，主要表现在观点新、题材新、角度新和手法新，内容丰富，覆盖面广，插图精美，形式活泼，语言流畅，通俗易懂，富于科学性、可读性、趣味性。因此，说《文库》是开启科技知识宝库的钥匙，缔造 21 世纪人才的摇篮，并不夸张。《文库》将成为中国少年朋友增长知

识、发展智慧、促进成才的亲密朋友。

　　亲爱的少年朋友们，当你们走上工作岗位的时候，呈现在你们面前的将是一个繁花似锦的、具有高度文明的时代，也是科学技术高度发达的崭新时代。现代科学技术发展速度之快，规模之大，对人类社会的生产和生活产生影响之深，都是过去无法比拟的。我们的少年朋友，要想驾驭时代航船，就必须从现在起努力学习科学，增长知识，扩大眼界，认识社会和自然发展的客观规律，为建设有中国特色的社会主义而艰苦奋斗。

　　我真诚地相信，在这方面《少年科学文库》将会对你们提供十分有益的帮助，同时我衷心地希望，你们一定为当好 21 世纪的主人，知难而进，锲而不舍，从书本、从实践吸取现代科学知识的营养，使自己的视野更开阔、思想更活跃、思路更敏捷，更加聪明能干，将来成长为杰出的人才和科学巨匠，为中华民族的科学技术实现划时代的崛起，为中国迈入世界科技先进强国之林而奋斗。

　　亲爱的少年朋友，祝愿你们奔向 21 世纪的航程充满闪光的成功之标。

爱护我们的地球

　　小的时候，总喜欢听故事，大人给我们讲故事，叫做"倒书"。那时听的故事，多是《三国》、《水浒》、《西游记》、《封神榜》，虽不能深刻理解，可大体上还能听得懂。现在要讲环境科学故事，这就难了，然而环境保护是当前全世界都关注的重要问题，人人都需要懂一点环境科学知识，我们就努力把它讲得有趣一些，容易明白一些吧！

　　这本书搜罗的故事，大致包括：生态平衡和物种保护；环境污染与破坏；人类保护环境的种种努力及所取得的成就；还有一小部分是我国古代保护环境的故事。

　　关于生态平衡和物种保护。生态平衡是相对于生态系统的失调而说的，把干旱草原开垦成农田，把草原上的狼打光，以及盲目引进本地区原来没有的物种等等，都有可能因为打乱了生态系统的平衡而出现失调，给人们带来许多困扰的难题。那么，什么是生态系统呢？人们把地球上某种生物所有个体的总和叫做种群，生活在某一区域里的所有种群就组成群落，群落与它生存的环境就构成一个生态系统，如草原生态系统，海洋生态系统等等。由于生产的发展，给环境带来很大变化，地球上的物种有许多已经灭绝，有许多正在濒临灭绝，其中有很多是在工业、农业、医药、科学、文化艺术上很有价值的物种。这是无法挽回的损失。本书里讲到的美洲野牛、中国的四不像的遭遇，都是如此。也许有人会说，有些物种没什么用，甚至有害，灭绝了不是正好吗？事实是，看似无用的物种，它在生态系统的平衡中是有用的，少了它还不行，书中不少故事证明了这一点。比如山林中的狼，可以算是有害动物

的代表，但究竟是否应该使它灭绝，你看一看本书中的两个故事就明白了。又比如兔子、猫，甚至蜗牛、螺，一般认为绝对是无害的生物吧，但在特定的环境里，也可能带来一系列使人伤透脑筋的大问题，这也是生态失去平衡的结果。

人类的生产活动破坏了生态平衡，是不是还有补救的办法呢？当然有，但是它需要人的创造，在这本书里，就有一组故事是介绍了这方面的突出成就，它们都很有意思。

现代化的大工业带来生产上的进步，但同时也带来使人、使环境受到污染的严重问题，有著名的世界八大公害事件，还有许多属于工业三废（废气、废水、废渣）带来的种种危害，以及农药的负面作用，甚至生活垃圾都成了不容忽视的问题，在这本书里，我们从不同的角度反映了这些问题，以期引起对环境保护问题的重视。

需要着重指出的是，人们在环境污染面前，并不是束手无策，废气、废水、废渣有可能使它们变为财富，变为资源，甚至垃圾、污泥也有化腐朽为神奇的可能，关键在于我们怎样用积极的态度去看待它们，用科学技术去改变它们。本书就有一组故事专门介绍了使废弃物转化为有用之物的故事。

当代环境问题是在本世纪中期出现了八大公害事件以后才引起世界各国普遍重视的，随着环境保护的发展，一门新兴学科——环境科学也逐渐形成。然而事实上，我国古代就已对环境生态保护问题加以重视。令人惊喜而敬佩的是，我们的祖先之所以这么做，并不像某些人想象的是出于"迷信"，而是有理论指导，有法律规定，有机构管理，有公众支持的生物资源保护行为。中国古代环境保护的思想源远流长。据古书记载，从神农那时起就有了"春夏之所生，不伤不害"的禁令。在夏朝，又有了"春三月，山林不登斧斤，以成草木之长；夏三月，川泽不入网罟，以成鱼鳖之长"的法律。所以，在《里革面斥鲁宣公》的故事里面，国君都不敢破坏保护生物资源的制度，可见当时的保护思想是多么深入人心。中国古代产生的生物资源保护制度和思想一直影响了几千

年，被外国学者赞叹不已，确实值得我们炎黄子孙骄傲，也是应该努力继承和发扬的优良传统之一。

我们这里的99个故事，都是有据可查的。故事里的是非，谁都不难分辨。我们只有一个地球，爱护地球，保护地球环境的人和事，都是高尚的、睿智的；破坏、污染环境的人和事，都是自私的、愚昧的。我们希望每一个读者朋友，都成为保护我们的家园、保护我们的地球的积极分子、干将，成为高尚、睿智的人。

本书在写作过程中，曾得到郑延慧、张帆等人的指导和帮助，还得到国家环保局有关部门的支持，在此一并表示感谢！99个故事难以顾及环境科学的方方面面，错误和不足也在所难免，欢迎读者朋友和专家批评指正。

袁清林

目　录

1. 大战仙人掌 ················· 1

2. 甲虫征服山羊草 ·············· 3

3. 海军·女人·猫 ·············· 5

4. 向绿魔宣战 ················· 6

5. 蜣螂受到出国邀请 ············ 8

6. 狼被打光以后 ··············· 10

7. 引狼入园 ·················· 11

8. 鼠、猫、狗带来的困扰 ········· 13

9. 福寿螺成为一大螺害 ·········· 14

10. 金苹蜗牛带来灾难 ··········· 15

11. 人与兔的较量 ·············· 17

12. 野牛的厄运 ··············· 19

13. 悲壮的大进军 ·············· 20

14. 吐绶鸡立了头功 ············ 22

15. 克拉卡托岛的复生 ··········· 23

16. 大火为何不救 ·············· 25

17. 昏天黑地的黑风暴 ··········· 27

18. 遮天蔽日的黄风暴 ··········· 29

19. 鱼儿重返泰晤士河 ··········· 31

20. 田纳西的奇迹 ··· 32

21. 鸭儿湖的新生 ··· 34

22. 章古台重披绿装 ··· 35

23. 绿林"好汉'"保护了沙坡头 ···························· 37

24. 黄土坡的变化 ··· 39

25. 全巴图的新生 ··· 40

26. 留民营的曙光 ··· 41

27. 青龙河要养育两岸生灵 ·································· 43

28. 猪粪变成赖氨酸 ··· 45

29. 一泓碧水在密云 ··· 47

30. 四不像重返故土 ··· 48

31. 一场幽默的"审判" ·· 50

32. 模拟地球的生物圈 2 号 ································· 52

33. 燕子坐上火车专列 ··· 54

34. 猫头鹰汉子放飞猫头鹰 ································· 55

35. 蟾蜍专用隧道 ··· 57

36. 把煮熟的鸽蛋放回鸽巢 ································· 58

37. 独特的"孤儿院" ··· 60

38. 和大猩猩握手的姑娘 ····································· 61

39. 诱捕偷猎者 ·· 63

40. 看谁敢乱扔垃圾 ··· 65

41. 特殊队长泰克斯 ··· 67

42. 双方都失算一筹 ··· 68

43. 无公害旅行竞赛 ··· 70

44. 用垃圾换食品 ··· 72

45. 垃圾建海岛 ·· 74

46. 烂污泥并非无用之物 ····································· 75

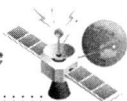

47. 马斯河谷的阴霾
　　——世界八大公害事件之一 …………………… 76

48. 洛杉矶的浅蓝色烟雾
　　——世界八大公害事件之二 …………………… 78

49. 烟雾袭击多诺拉
　　——世界八大公害事件之三 …………………… 80

50. 伦敦烟雾难挡
　　——世界八大公害事件之四 …………………… 81

51. 神通川的痛痛病
　　——世界八大公害事件之五 …………………… 83

52. 四日市的哮喘
　　——世界八大公害事件之六 …………………… 85

53. 米糠油事件后果严重
　　——世界八大公害事件之七 …………………… 87

54. 水俣湾的"狂猫病"
　　——世界八大公害事件之八 …………………… 88

55. 鼠鱼奇案 …………………………………………… 90

56. 百年盛衰滴滴涕 …………………………………… 92

57. 春天因何寂静 ……………………………………… 93

58. 少女一头绿发 ……………………………………… 95

59. 毒气泄漏打官司 …………………………………… 96

60. 雅典的紧急状态 …………………………………… 98

61. 死亡谷库巴唐 ……………………………………… 100

62. 玛努恩湖的惨案 …………………………………… 101

63. 遭殃的莱茵河 ……………………………………… 103

64. 水藻蔓延琵琶湖 …………………………………… 105

65. 濑户内海的赤潮 …………………………………… 107

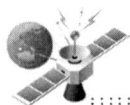

66. 海龟王之死 …………………………………… 108

67. 一艘不受欢迎的船 ……………………………… 110

68. 坚信一定是可燃气体 …………………………… 111

69. 煤焦油变废为宝 ………………………………… 114

70. "危险的废物"优点很多 ……………………… 115

71. "无用的废物"大显身手 ……………………… 117

72. 废气成为工业副产品 …………………………… 119

73. 废钢渣与农业磷肥 ……………………………… 121

74. 黄烟变成硫酸 …………………………………… 123

75. 12 万吨原油漂浮在海面 ……………………… 125

76. 保护海洋公约的诞生 …………………………… 127

77. 海上油井喷大火 ………………………………… 128

74. "埃克森"号冲向暗礁 ………………………… 129

79. 囊中自有雄兵百万 ……………………………… 131

80. 三里岛事件 ……………………………………… 133

81. 谁是罪魁祸首 …………………………………… 134

82. 意外起爆的"原子弹" ………………………… 135

83. 原子弹在头顶爆炸 ……………………………… 136

84. 切尔诺贝利的灾难 ……………………………… 138

85. 网开三面 ………………………………………… 140

86. 里革面斥鲁宣公 ………………………………… 142

87. 螳螂捕蝉 ………………………………………… 143

88. 借谣复湖 ………………………………………… 145

89. 杏林春暖 ………………………………………… 147

90. 松赞干布巡视川西 ……………………………… 148

91. 唐玄宗火烧羽毛衣 ……………………………… 150

92. 张造抗命拒砍古槐 ……………………………… 151

93. 西湖沧桑留美景 ······· 153

94. 白居易罚罪人植树 ······· 154

95. 泰布纳和《畲山谣》 ······· 155

96. 石油必是有用之物 ······· 157

97. 松杉绿遍南澳岛 ······· 158

98. 庠生上书植柳 ······· 160

99. 计字植树 ······· 161

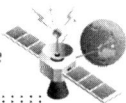

1 大战仙人掌

澳大利亚原先没有仙人掌。1787 年，有一位仙人掌爱好者从南美洲带了一些仙人掌回来。他非常喜爱仙人掌，把仙人掌栽在自己的庭院里，精心照料。想不到这些仙人掌适应力很强，一栽下去就长得很好，很快就长成了小树。过了不久，这些仙人掌好像在庭院里住得不耐烦了，有的就窜到院子外面安家落户。当时，谁也没有在意这件事。谁知，这些仙人掌竟像魔鬼出洞，一出来就不可收拾。到 1925 年，澳大利亚的仙人掌已经蔓延成灾了。它们长得像树木一般高大，像丛林一般茂密，大片耕地被仙人掌侵占，400 万公顷牧场成了仙人掌王国，不但无法放牧牛羊，连人都无法居住。

人们纷纷出动，向仙人掌全面开战。

人们用锹铲。可是这些仙人掌长得十分粗壮，一个人一天铲不倒几棵；而且仙人掌繁殖很快，这边铲光了，那边又长出来了。

人们又用推土机推。但在仙人掌的丛林里，推土机也力不从心。有时一枝老仙人掌卡在机器的缝隙里顿时让推土机失灵。

在大战仙人掌失败之余，有人问，南美洲是仙人掌的原产地，那里的仙人掌为什么没有成灾呢？

是呀，南美洲的自然环境中一定有降服仙人掌的东西。

正是这种"一物降一物"的生态学思想启发了澳大利亚科学家。他们赶紧远涉重洋，到仙人掌的老家南美洲去考察。

在赴南美洲考察的科学家队伍中，昆虫学家最活跃。他们认为，这仙人掌，牛不吃，羊不啃，吃仙人掌的很可能是昆虫。在南美洲，科学

消灭仙人掌，毛毛虫比人厉害

家经过仔细考察和试验，终于发现，有一种阿根廷小蛾，它们的幼虫是专吃仙人掌的，这种小蛾幼虫足以置仙人掌于死地。

1930 年，澳大利亚引进了这种阿根廷小蛾。阿根廷小蛾不负众望，一来到澳大利亚就迅速繁殖起来。很快，一支由几十亿只小蛾毛毛虫组成的大军把大片大片的仙人掌吃得七零八落。阿根廷小蛾毛毛虫所向披靡，节节胜利。

经过 7 年的时间，阿根廷小蛾毛毛虫终于将最后一批浓密的仙人掌消灭了，大片的牧场重新获得解救。

为感谢阿根廷小蛾毛毛虫的功绩，人们在澳大利亚的布尔格拉城专

门建造了一座毛毛虫纪念碑，作为永久的纪念。

大战仙人掌的故事告诉我们，外来的物种是不可以随便引进的。如果盲目引进某种外来物种，弄不好会酿成大祸。要保护环境，千万要注意生态平衡。

2 甲虫征服山羊草

1873 年，在美国的西部草原，出现了一种新的野草，当地牧羊人不认识它，随口就叫它山羊草。谁知这种山羊草是一种毒草，不管是牛是羊，只要吃了山羊草，轻则口舌生疮，重则浑身长癣。兽医们绞尽脑汁，也治不好这些牛病羊病。

山羊草的繁殖力还很强，它迅速蔓延。到 1926 年，山羊草竟占据了 6000 多公顷好牧场。不用说，这些牧场再也无法放牧牛羊了。

1925 年，牧场主曾使用很多办法想消灭这种山羊草，但都没有成功。山羊草很快就发展到 17 万公顷。

牧场主再也坐不住了，他们请来了植物学家。

经过植物学家的鉴定，这种山羊草的本名叫克拉玛斯草，原先生长在欧洲，不知如何来到了美国。

"真可恨！"牧场主们无可奈何。可是他们又产生了疑问："克拉玛斯草生长在欧洲，那它们在欧洲怎么没有蔓延成灾呢？"

植物学家们解释说："任何生物与其他生物之间、与它所生存的环境之间都有一种互相依存、互相制约的关系，它们才能保持相对平衡。如果没有这种平衡，世界就会乱套。比如苍蝇，它的繁殖力非常强，如果一对苍蝇的子子孙孙全都活下来，在整个夏天，它们的总数可以达到

一个天文数字：191110000000000000000。这是多少苍蝇呢？如果把这些苍蝇均匀地覆盖到地球上，不但可以铺满整个地球，而且可达 14 米厚。可是这种情况从来没有而且永远也不会出现，这是因为有很多环境因素在制约它……"

"不要扯远了，您说谁来制约山羊草吧！"牧场主更关心的是牧场。

植物学家说："在欧洲，山羊草一定有天敌，因此，山羊草在欧洲才没有泛滥成灾。"

于是，美国人到欧洲去考察，果然发现欧洲有好几种专吃山羊草的昆虫。美国政府立即拨出经费，对其中的两种小甲虫进行了食性试验和昆虫群体生态测量等工作后，在 1944 年将它们正式引进到美国。

自然界的事物果然有"一物降一物"的规律。这两种小甲虫一到美国牧场，便大显身手。凡是它停留过的地方，山羊草的数量迅速减少，真正的牧草趁势出来收复自己的失地。

不到几年的时间，这两种小甲虫就治住了到处蔓延的山羊草，美国牧场又恢复了昔日的景象。人们从心眼里感谢这两种小甲虫，认为它们

牧场上长满了山羊草，牛、马、羊吃什么啊

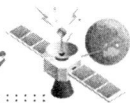

为保护美国的牧场立下了汗马功劳，特地建了一座甲虫纪念碑。当然，人们更感谢提出用甲虫治服山羊草和引进甲虫的科学家。

3　海军·女人·猫

英国有一种优质牧草，叫三叶草，是英国饲养牛的主要牧草。100多年前，移居到新西兰的英籍农场主为了喂养更多的牛，就把三叶草引进了新西兰。谁知三叶草来到新西兰后就是长不好。更令人奇怪的是，本来在英国生长良好的三叶草，到了新西兰却不结籽，无法繁衍。

于是，农场主们很着急，就去找科学家咨询，请他们看看这三叶草为什么总是长不好。

有一个来自英国的专家说："生物学家赫胥黎说过，英国之所以有强大的海军，无论在逻辑上，还是在生态学关系上，都应归功于女人。"

"女人?"

"对，英国的老小姐。"

"这话怎么讲?"

"因为英国的老小姐爱养猫。"

众人有点摸不着头脑，大眼瞪小眼，面面相觑。

专家故意卖了个关子：

"这猫不是爱吃老鼠吗？猫多的地方，老鼠就少。"

"老鼠呢，爱吃蜜和小蜂，所以，老鼠多的地方，野蜂就少。"

"这与三叶草长不好的事儿也不沾边。"不知谁低声咕哝了一句。

专家耳朵真灵，马上反唇相讥："不是不沾边，而是息息相关，只是你们不知道而已。"

农场主说："大家别打岔，请说下去。"

专家把右手一摆，继续说："我要说的是，海军靠吃牛肉生活，牛要靠三叶草饲喂，三叶草靠野蜂传粉，野蜂靠吃鼠的猫来保护，猫靠老小姐的豢养，所以，看起来没什么关系的海军、女人、猫之间却存在着密切的内在联系。"

"您是不是说，我们也要请一些老小姐，多弄些猫，三叶草就可以长起来了？"

"当然不能这样机械地推理。关键是要解决三叶草在这里传粉好不好的问题。来，我们到野外去实地看一看。"专家带头离开会场。

三叶草是靠野蜂传递花粉的。专家让人给逮了一只野蜂，请大家看："你们瞧，这儿的野蜂吸管很短，可是三叶草的花筒却很长，因此，野蜂吸不到三叶草的花蜜，也就不能起到为三叶草传粉的作用，三叶草的花没有授粉怎么能结籽呢？"

原来，关键的原因在于新西兰缺少长着长吸管、能为三叶草传授花粉的野蜂。

1880年，农场主们从英国引进了长着长吸管的野蜂。它们可以采吸三叶草花筒里的花粉，为三叶草传授花粉，三叶草结籽了。从此以后，三叶草在新西兰草原生长茂盛。

4 向绿魔宣战

在20世纪20年代的一次博览会上，一个日本人起劲儿地给葛藤做广告，把这种野生植物描绘得浑身是宝。比如说，葛藤的汁液可以制糖浆，还可以炼葛粉，葛藤糖浆和葛粉能解酒，能治头疼感冒，还能治胃

病；葛藤的花儿可供蜜蜂酿蜜，据说葛藤花蜜是蜜中珍品；又说葛藤的枝叶可以喂牛喂羊，牛羊吃了会长得膘肥体壮；葛藤枝条中的纤维可用于编织，也可以造纸，把它烧着了还能熏蚊子；就说它那没用的根，还可以保持水土，防止水土流失。

日本人的宣传，使参观的美国人连连点头称是。

1930年，美国人不远万里，把葛藤从日本请到美国，种植在南部，其主要用意是让它来防止水土流失。

美国南部气候温和，葛藤长得非常快，而且冬天也不会被冻坏。一到春天，马上放条，一放就是十几米以至几十米。在葛藤的枝条上，每隔不远就结一个瘤，瘤上很快生出新根扎入地下，很快又长出新的枝条。这样，到50年代中期，美国南部已长出大约7000万枝葛藤。这些葛藤确实对防止水土流失发挥了巨大的作用，还美化了山坡，而且也给牛羊带来了好处。它使美国人受到鼓舞。

但是，葛藤越长越旺。它的枝条一天就要长几十厘米，一株葛藤少说也有四五十条骨干枝条，每天都要向四处蔓延。很多植物被它挤得无地可长，直至干枯而死。

葛藤四处扩张。在佐治亚、亚拉巴马、密西西比几个州，283万公顷的农田被葛藤侵占，在这些农田里，除了葛藤，几乎没有其他植物。

农场主再也不种葛藤了，反而把它看作无法收拾的"绿魔"，因为它破坏了当地的农田生态环境。

亚拉巴马州宣布栽种葛藤为非法。

美国人开始向葛藤宣战。

可是，有什么好办法来对付葛藤呢？

农民们用锄刨，用锹挖，一个人要挖掉一株葛藤少说也得两三天。而仅仅砍断一些枝条是无济于事的。迄今为止，人并没有占上风。正像有的专家说的，谁胜谁负，一时还说不清楚。

不过，有一点是现在就可以肯定的，那就是，盲目引进葛藤而没有考虑它在生态上可能带来的严重后果，这是美国人的一个不小的失误。

5　蜣螂受到出国邀请

1978 年，澳大利亚的一个代表团来中国访问，代表团提出，希望请中国的蜣螂到澳大利亚去。

"蜣螂？"中方人员多少有点吃惊，"可以请你们谈谈对蜣螂感兴趣的原因吗？"

"哦，是这样，"澳大利亚朋友侃侃而谈，"您知道，澳大利亚有辽阔的草原，有几千万头牛，畜牧业相当发达。现在出现了一个十分棘手的问题，就是这么多的牛每天拉几亿堆牛粪，很多牧场都被厚厚的牛粪覆盖着，滋生蛆蝇不说，牧草都被牛粪盖得长不起来，整个畜牧业的发展受到牛粪的威胁。"

"这么说，你们是打算让蜣螂去清理你们牧场上的牛粪啰？"

"是的。"

蜣螂俗称"屎壳郎"，是一种昆虫，全身黑色，脚和胸部有黑褐色的长毛，专吃动物的尸体和粪尿，是处理牛、马等牲畜粪便的能手。通常牛把粪便拉出来以后不久，勤劳的蜣螂就开始了工作。它挖一块牛粪，趁湿将粪滚成药丸那么大的小球，然后把这个小球推到一个合适的地方埋藏起来。如果一只蜣螂推不动，还会有另一只来帮忙，经常是雌雄两只一起推。而后雌蜣螂将卵产在粪球洞里，让幼虫在里面以粪球为食长大。所以，如果草原上有足够多的蜣螂，就可以把牛拉下的粪便吃得干干净净。

中方人员友好地笑着说："澳大利亚和中国有着良好的关系，中国人向来是乐于帮助朋友的，如果贵国没有蜣螂的话。"

"我们澳大利亚并非没有蜣螂，只是当地的那种蜣螂不吃牛粪，只吃袋鼠的粪。"一位澳大利亚朋友解释说。

另一位澳大利亚朋友又补充说："在古老的地质时代，澳大利亚所在的大洋洲曾和欧亚大陆连为一体，1亿多年前，它们才分道扬镳。那时，动物进化只达到哺乳动物的早期阶段，地球上只有鸭嘴兽和袋鼠之类的动物，大洋洲离开欧亚大陆后，没有再演化出牛、马、羊这些动物。现在在澳大利亚生活的牛、马、羊都是后来从欧洲和亚洲引进的，当时只知道引进牛，却不晓得要同时引进吃牛粪的蜣螂，因此就出现了现在这样的不平衡的局面。"

送蜣螂出国

谈判结束了。后来中国的蜣螂坐上了飞机，漂洋过海，远赴地球的另一端大洋洲，在澳大利亚草原安家落户，清洁牧场上的牛粪。这一消息，引起了新闻界和环保部门的关注。有的作家还专门著文，题目就叫《祝蜣螂南行》，就像为一位出使外国的友好使者送行一样，一时传为佳话。

6　狼被打光以后

美国的亚利桑那州有一个开巴普大草原，它的南边就是世界闻名的科罗拉多大峡谷。

开巴普草原原是猎手们大显身手的地方，这里水草丰美，有成群成群的野鹿供人们狩猎，可是猎手们总是感到鹿还不够多，而且即使是风调雨顺的年头，野鹿的数量也总是在 4000 头左右。后来，人们发现，鹿群增大不了，是因为草原上还有吃鹿的狼和山狮，是它们限制了鹿的增长。

1907 年，亚利桑那州政府发出号召，要求有勇气的小伙子们行动起来，消灭开巴普草原上的狼和山狮。

年轻小伙子们本来就是猎手，一听说州政府有令，马上出动，各显身手，互比高低，开展了一场打狼打山狮竞赛。

这场打狼打山狮竞赛一直持续了 10 年。10 年当中打死了多少狼、多少山狮，无法统计，反正草原上再也见不到狼和山狮的踪影了。

猎手们都说，这下子，野鹿一定会多得叫你打也打不完了。

起先，还真是那么回事。从 1917 年以后，草原上的鹿一年比一年多，到 1924 年，竟猛增至 10 万头以上。这么多的野鹿确实给草原上的猎手们带来了极大的欢乐。

就在猎手们弹冠相庆的时候，事情又发生了变化。在 1924 年以后的两个冬季里，有 6 万头野鹿被饿死在草地里。从此，鹿的数量每年都在减少，猎手们着急也没办法。到了 40 年代，鹿的数量只剩下 1 万来头，草原也光秃秃的只见黄土。

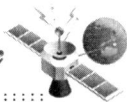

这是怎么回事呢？原来狼被打光以后，野鹿的数量出现了爆炸性的增长，但是草的生长赶不上野鹿的繁殖速度，野鹿吃不上草，只能被饿死。更严重的是，野鹿的爆炸性增长给草原植被带来了毁灭性的打击，很多过去水草肥美的地方再也长不出新草来了。

开巴普草原的兴衰告诉我们，生态系统中各个环节的联系既十分紧密，又非常脆弱。如果不当心毁掉其中的某个环节，那就可能产生使整个生态链条全部崩溃的严重后果。

开巴普草原据说至今仍不景气，要恢复草原往日的茂密，也许还要很长的时间。

7　引狼入园

狼是一种残忍的肉食动物，它捕食羊啊鹿啊，攻击人类，经常是人们重要的猎杀对象，在世界各地，几乎都是这样看待狼的。为何现在要引狼入园呢？

1872 年，在美国西部建立了世界上第一个自然保护区———黄石公园，为了保护周围农民的畜牧业，也为了自然保护区内草食动物如鹿、野羊等，政府鼓励当地人们消灭狼。从 19 世纪中叶以来，每年都有几千只狼被打死，有几千张狼皮被出售。1923 年，生活在这里的最后一只狼被猎杀，从此黄石公园里的狼就绝迹了。

当时人们认为，黄石公园里没有了狼，那些草食动物没有了天敌，不再担惊受怕，一定长得很好；这个地方的自然环境也一定会呈出现一派生机。没想到结果事与愿违。那些鹿群、羊群，没有狼的袭击，那些老的、病的、弱的、有残疾的动物，不再受到自然淘汰，它们生活在鹿

群、羊群中，既消耗了大量的食物，也使整个种群的体质减弱、下降。而且食草动物没有了天敌，它们迅速繁殖，将黄石公园的林木、草植和周围一带的灌木啃吃得一塌糊涂。

于是人们开始意识到，自然界里的生物是有一条生物链的，缺失了其中的一环，生态失去平衡就会出现意想不到的严重后果。于是到20世纪80年代中期，美国内务部兽类野生生物局提出了引狼入园的计划。但是引狼入园一事岂能轻易决定？美国联邦议会拿出了1200万美元进行调查、论证，前后一共举行了150次意见听取会。开始时，当地以牧畜业为生的居民表示反对，认为再次引狼入园对畜牧太不利了，并向法院提出了上诉。但是，更多的人认为，现在的黄石公园和原来的黄石公园相比，缺的就是狼，只有让狼回归自然，黄石公园才能恢复原来的生态系统。后来法院驳回了上诉，支持引狼入园计划。但是当地的自然团体决定募集基金，作为今后家畜如果遭受狼袭击受到损失的补偿。

1995年春，美国将从加拿大捕到的9只公狼和5只母狼引入了黄石公园。安装在狼身上的跟踪信息显示，狼已经完全融入黄石公园的生态系统

狼说："我又回来了！"

中，并开始袭击以食植物为生的鹿群；而曾经不受狼威胁的鹿群，也开始变得富有活力。现在已经有两只母狼产仔，一只生了8只小狼崽，另一只生了1只小狼崽。人们计划今后继续引狼入园，直到使狼维持在110头为止。人们相信黄石公园会重现昔日的自然景象和生态平衡。

8 鼠、猫、狗带来的困扰

20世纪70年代，驻守在中国西沙群岛上的战士们为了改善连队的生活，从大陆上带来了鸡，养在岛上。岛上昆虫、草籽之类的食物很多，鸡吃得很香，繁殖得很快。

可是，过了不久，事情就来了。岛上老鼠成群，经常偷鸡吃。为了对付鼠害，战士们又从大陆上带来了猫。

猫初到岛上时，表现还不错，很忠于职守，每天都能抓几只老鼠，有时逮了老鼠还叼到主人身边转来转去，像是要邀功请赏。

过了一段时间，猫的数量越来越多，猫的性子也越来越野。它们成群结伙，到处乱跑，有的干脆弃家出走，成了野猫。野猫对老鼠失去了兴趣，喜欢上了西沙群岛上的鲣鸟，野猫经常在夜间袭击、偷吃鲣鸟。

鲣鸟是一种珍稀鸟类，是联合国指定的重点保护动物。西沙群岛上有一种红脚鲣鸟，全身雪白，嘴绿蹼红，两翼灰褐，异常美丽。当它们群集树顶时，好似一片朝天盛开的玉兰花。鲣鸟还有惊人的导航本领，渔船常靠它的导引返回渔港。

战士们看到珍稀动物遭遇不幸，想了各种办法来保护鲣鸟，可是，野猫太多，很难看住它们。最后战士们又从大陆上把狗请来，打算让狗来对付野猫。

猫不逮耗子，却去抓水鸟

狗来到岛上并没有去对付猫，当然也不能指望狗去捉拿耗子。可是，狗多了，又经常打群架，常吵得战士们晚上都休息不好，真是旧的问题没解决，新的矛盾不断出来。

这就是西沙群岛上鼠咬鸡、猫伤鸟、狗扰人的一连串麻烦事。战士们曾经写信寄给报社，希望能有人帮助解决这一恶性循环的生物链，却一直未听到有好的解决办法。

9　福寿螺成为一大螺害

在南美洲巴西亚马逊河流域有一种螺叫福寿螺。1981 年，有一位好心的华侨听说福寿螺营养丰富，美味可口，就把它带到中国，推荐给

有关部门，希望在中国开辟一种新的食品来源。一时间，福寿螺成了一种稀少的美味佳肴，销路很好。一些人听说福寿螺有那么好的市场，而且很容易养殖，便纷纷办起了福寿螺养殖业。

谁也不曾料到，福寿螺是养出来了，开始还有人买一点尝尝，但是，买的人越来越少，到了后来，干脆卖不出去了，只有一些孩子来买几个养着玩。

原来，福寿螺并不太适合大众的口味，没能走上家庭饭桌，自然买的人就越来越少了。

养螺户失望了，便赶紧改行。

一批一批的福寿螺被养螺户倒掉了，福寿螺一下子由宠儿变成了弃儿。

但是，福寿螺生命力很强，不久池塘、水沟、稻田到处都出现了福寿螺，它们迅速地繁殖。

物无善恶，过则为害。尤其是当福寿螺开始以水稻为食，并对其他水生作物构成严重威胁的时候，人们不由得担忧起来。于是人们采取了各种办法，但仍无法控制福寿螺的蔓延。福寿螺成了当地的一大害。

盲目引进外来物种造成某些物种灭绝或引起生态失调的例子屡见不鲜，不胜枚举。福寿螺的遭遇便是其中之一。

10　金苹蜗牛带来灾难

1985年前后，泰国的一家高级餐厅听国外来的游客说，在日本的餐馆中品尝到一种名叫金苹蜗牛的佳肴，十分可口。在泰国餐厅中，本没有蜗牛这样一道菜，老板听到这个信息，觉得是个好时机，忙派人到

日本去采购一点金苹蜗牛回来。不想金苹蜗牛一经推出，很多人纷纷前来品尝。金苹蜗牛竟如同海鲜野味一般，走俏一时。

别的餐馆看到金苹蜗牛上座率高，也争先恐后到国外采购。蜗牛并不是什么稀罕难养之物，只要有植物茎叶就可喂养繁殖。于是市场需求又刺激了一些农户纷纷竞相喂养金苹蜗牛。

谁知几年以后，吃过金苹蜗牛的人，觉得这道菜也不过如此，逐渐失去了兴趣。餐馆里金苹蜗牛不上座了，老板们就不购进金苹蜗牛作为菜肴的原料了，养金苹蜗牛的人喂养的金苹蜗牛卖不出了，养殖户无利可图，就把金苹蜗牛倒进垃圾堆、阴沟洞、下水道里，听任它们自生自灭。谁知蜗牛是一种适应性极强的软体动物，在阴暗、潮湿、多腐殖质的地方都能生活。当然它们最爱吃的是植物的叶。它们的嘴长在头部的下面，没有牙齿，却有发达的齿舌，用来刮取食物。在泰国这样一个气候温暖、雨水丰富、植物生长茂盛的自然环境里，生长得十分迅速。

人们形容行动缓慢常用蜗牛打比方，蜗牛爬行虽慢，但是经过辗转迁移，又不断繁殖后代，仍然很快就占领了泰国的稻田，带来严重的

请品尝最新美味金苹蜗牛

16

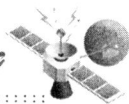

后果。

金苹蜗牛给泰国农民带来的危害有多大呢？据泰国农业合作部于90年代初的统计，泰国共有76个府，它们已经在其中的43个府的农村中泛滥成灾，已经有11.67万公顷稻田被金苹蜗牛刮食一空，受害的农民达30余万。不少农户因为得不到收成而欠债，由于欠债难以偿还而被迫逃荒。

一只成熟的金苹蜗牛每周可产卵200～300粒，其中有80％可以孵化。有人统计，1千克重的金苹蜗牛卵，可以孵化出50万只金苹蜗牛。更加令人忧心忡忡的是，直到1996年年底，还没有找到有效的消灭金苹蜗牛的方法，因为蜗牛都背着一只蜗壳，遇到不利情况，缩进蜗壳，在壳口关上厣（yǎn）甲，几年不吃不喝也不至死亡。

11　人与兔的较量

澳大利亚是一块古老的大陆，那里生活着地球上其他大陆没有的可爱的动物：袋鼠、考拉、鸸鹋、鸭嘴兽等。

澳大利亚有着大片的草原，但是澳大利亚没有羊。1788年，英国有人看上了澳大利亚肥沃的草原，带了羊去，开办了牧场。至今澳大利亚的羊毛、羊绒，还是世界上最优质的。

澳大利亚没有兔子。1859年，有几个英国人带去了24只兔子，送给了澳大利亚墨尔本动物园，供游客观赏。一天，动物园发生了火灾，兔子逃出了笼子，跑到了野外。

澳大利亚辽阔的草原牧草肥沃，气候温暖干燥，而且草原上没有食肉的凶猛动物，十分适宜兔子的生存。

这些逃跑出来的兔子，就像生活在天堂里似的，母兔每隔一个月就下一窝小兔，平均一对兔子一年就有 60 多只后代；而且兔子成熟的年龄也很早，出生 8～10 个月后就可以繁殖。于是，越来越多的兔子在草场上打洞安家，草原牧场渐渐被破坏了。

人们派军队去烧牧场，想把兔子消灭，结果反而使牧场变成了荒原。

人们又下砒霜毒药想毒死兔子，结果反而使袋鼠、鼹鼠、鸵鸟等珍稀动物受害。

人们又将铁丝网埋进 10 米深的地下，上面架上 5 米高的围墙，为的是防止兔子从地下打洞，或从高处跳进牧场，结果兔子学会了爬越 5 米高的围墙。

为了对付这些破坏牧场的兔子，澳大利亚的牧场主们伤透了脑筋，因为据估计，现在澳大利亚大约有 40 亿只兔子，它们吃掉的牧草，够养活 1 亿只羊；还没有计算由于兔子打洞，给牧场造成的沙荒的损失。

根据 1996 年 11 月的最新信息，在澳大利亚新南威尔士州的沃加沃加城附近，州农业部已经将 20 只感染了出血症病毒的兔子放进了一望无际的草原，这种病毒可以使兔子在 12～24 小时内内脏大量出血而毙命。人们希望这些感染病毒的兔子能使其他的兔子互相感染大量死亡。澳大利亚政府官员说，他们还将在本国境内的 280 个地方的牧场施放带有此种病毒的兔子。

这次人与兔的较量结果如何，还要等待一段时间才能知道。我们但愿这种病毒只感染兔子，而不感染羊和其他野生动物。

澳大利亚的人们和看去极为温顺的兔子的较量，进行了一百多年了，谁胜谁负，至今还未得出明确的战果。不过这类事件告诉我们，引进一种本地原先不存在的生物，必须十分谨慎，提防它们会造成生态环境的失衡。

12　野牛的厄运

在北美洲大陆，曾经生活过很多很多野牛。从远古时期开始，野牛就是人类捕猎的对象。那时的印第安人虽然没有弓箭之类的有力武器，但对付野牛的办法还是有的。他们把上千头野牛赶到悬崖上，迫使野牛跳下崖去。到了近代，白人移居北美洲，带去了火枪。从那以后，大批大批的野牛被枪杀，有的人仅仅是为了得到野牛的舌头就滥杀野牛。

野牛是一种大型哺乳动物，有些像家牛，但身体高大，背部隆起，头部和颈部有长毛。野牛肉比家养的牛肉好吃，蛋白质含量比普通牛肉高 25％；野牛从来不生癌症，这对防癌研究来说，是不可多得的研究对象；野牛能在贫瘠的土地上生活，不需要人来特殊照顾，长得比家牛快；而且，野牛皮的品质也远胜于家牛皮。

正因为野牛有这么多好处，才使野牛命运多难。为了得到它的肉和皮，人们千方百计狩猎它，到 19 世纪中期以后，野牛的数量已经在成倍地减少。当时有人呼吁：如果再这样屠杀下去，野牛会灭绝的。打野牛的人却说，现在的野牛至少还有 6000 万头，怎么会灭绝呢？

野牛数量越少，打野牛的人越是争先恐后，因为他们怕跑得慢了打不着，叫别人先打了去。

1879 年，北美最后的一群野牛长途迁徙，当它们走到得克萨斯州的时候，被猎手们全部围杀。

4 年之后，北美洲的野外再也看不见一头野牛了。

就这样，数量庞大的野牛被握有先进武器的人类在很短的时间内野蛮地消灭了。

现在，要想看北美洲野牛，只有到美国和加拿大的国家公园或动物园去，那里还保存了野牛的后代，不过，它们已经算不上是野生动物了。

像野牛这样，被贪婪的人类滥捕滥杀而灭绝的珍稀动物真不知有多少种，人类啊，你们要懂得爱护动物呀！

13 悲壮的大进军

一支由上百万只老鼠组成的队伍，出现在挪威的大路上。它们好像肩负着崇高的使命，接受着统一的指挥，浩浩荡荡，一直向西挺进。

它们不是普通的老鼠，而是旅鼠，它们的身长差不多有十几厘米，个头比普通的老鼠、田鼠大得多。

它们的行动，自然引起了科学家们的注意。科学家们不畏艰辛，一路跟踪、观察着旅鼠们的行动。

前面是一片农田。旅鼠大军依次进入庄稼地，它们边走边吃，前面的吃枝叶，后面的吃茎秆，旅鼠大军走过后，大片庄稼已荡然无存。

前面是高山。旅鼠大军不畏艰险，奋力攀登，它们前仆后继，失足的掉下摔死，活着的继续向前，没有一个退缩。

前面是小河。旅鼠大军蹚水而过。一只又一只旅鼠下河，一只又一只被淹死，但没有一个后退。被淹死的旅鼠塞满了小河，后面的旅鼠就踩着同伴的尸体蹚过河去。

前面出现了天敌，几只老鹰俯冲过来。旅鼠大军毫不慌乱，照旧前进。好几个伙伴被老鹰叼走，其余的继续走自己的路。

前面是大海，翻滚的海浪涌向岸边的沙滩。旅鼠大军毫无惧色，依

次前进，它们一个个走进大海，最后全部被大海吞没。这次百万旅鼠大进军就这样悲壮地结束了。

　　旅鼠为什么要进行这样自杀性的悲壮进军，现在还不太清楚，可以说是一个待解的谜。有的科学家认为，这可能是自然界的生命为了保持生态平衡而进行的一种自我调节。科学家们观察到，在大批旅鼠实行悲壮的大进军时，还有一小部分旅鼠留守在山中。留在山中的旅鼠的任务是繁殖后代，使它们的队伍重新壮大起来。旅鼠出生后二三十天就可以长成成鼠，并开始产仔，一对旅鼠一年可产仔 6～10 胎，每胎 12 只。

成百万只旅鼠奔向死亡

只需几年，旅鼠的数量又可以达到几百万。只是哪些旅鼠要留下来，哪些旅鼠要投海自杀，这一切要由谁来作出决定，又是一个令人费解的谜，因为很难想像会由旅鼠中的领头鼠作出这类决定，同样很难想像那么多旅鼠为什么都会心甘情愿地去投海自杀。

　　还有一点，科学家们也注意到了，那就是，这样的旅鼠大进军，每隔十几年总要进行一次，所以，旅鼠的数量决不会因为它们繁殖很快而爆发性地增长，形成灾难。

14　吐绶鸡立了头功

　　大颅榄是一种即将灭绝的树种，全世界只剩下13棵，它们都生长在非洲的毛里求斯岛上，如果这13棵大颅榄死了，这种珍贵的树种就将永远地从地球上消失了。

　　科学家们为拯救大颅榄而绞尽脑汁，仍是一筹莫展。

　　困难在哪里呢？

　　大颅榄这种树，用枝条扦插是栽不活的，只能用种子繁殖。多少年来，虽然这13棵树年年都落下许多种子，但是都不发芽，这是因为，大颅榄种子的外皮又厚又硬，胚芽在里面拱来拱去，总是拱不破外皮，时间一长，胚芽就憋在坚硬的种皮里力竭而死。

　　13棵大颅榄都已300多岁了。也就是说，300年来，大颅榄一直没有繁衍出后代。

　　科学家们百思不得其解，难道300年前的大颅榄会繁衍后代，现在却失去了这种能力了吗？

　　在一个偶然的机会里，人们在沼泽地里发现了300年前就已绝迹的渡渡鸟的尸体，在渡渡鸟的胃里发现了大颅榄的种子。当然这些种子已经失去了活力。

　　这一发现给科学家们带来了启示。他们想到，在自然界的生态系统里，生物之间的互相依赖是普遍现象，甚至在繁衍后代这样至关重要的事情上也许也要依赖别的生物来帮助完成，如果所依赖的生物没有了，它们就要断子绝孙。会不会是大颅榄依赖渡渡鸟的胃来磨碎种子的外皮，而渡渡鸟的灭绝就影响了大颅榄种子的发芽呢？

科学家们想到吐绶鸡和渡渡鸟在习性上有某些类似的地方，决定让吐绶鸡代替渡渡鸟来吞吃大颅榄的种子。

吐绶鸡终于把大颅榄的种子排泄出来了。科学家们一个一个地观察，果然，有的种子的外皮被吐绶鸡的胃磨碎了，也有的被磨薄了。

科学家们赶紧把这些吐绶鸡排泄出来的大颅榄种子种到土壤里，有几颗种子奇迹般地发了芽。

既然解开了大颅榄繁衍的秘密，人当然会有办法的，也不需要让吐绶鸡的胃再来辛苦，只要用人工的方法把大颅榄种的外皮磨薄，大颅榄就可以发芽了。

科学家们在庆贺大颅榄脱离灭绝边缘的时候，都开玩笑说："应该给吐绶鸡记头功，发特等奖呀！"

15　克拉卡托岛的复生

1883年5月20日，位于印度尼西亚西爪哇附近的克拉卡托岛火山突然爆发，火光冲天，熔融的岩浆流满遍地，连远离克拉卡托岛3000千米以外的澳大利亚，都感到了火山喷发的强大威力。

8月27日，克拉卡托岛火山再度大喷发。整个小岛被盖上了30多米厚的熔岩和火山灰，一切动物和植物都荡然无存。

一个小小的孤岛，遭受到如此沉重的毁灭性灾难，还能恢复生机吗？如果能够恢复，又将如何恢复呢？科学家开始了跟踪观察。

火山喷发后的第九个月，科学家发现岛上有了第一个生灵——一只蜘蛛。它不可能是从火山灰里钻出来的，很可能是被风从别的岛上刮来的。但是，当时岛上没有任何可供它吃的东西，不知它后来的命运

如何。

一年以后，岛上出现了一种像铜钱那么大的水藻，这是一种最古老的原始植物。虽说来历不明，但火山灰里含有植物生长所需的氮、磷、钾元素，再加上阳光、空气和水，它们生长繁殖还是不难的。3年以后，岛上陆续出现了11种羊齿植物，15种有花植物。它们的种子和胚芽也许是从别的岛上漂来的，也许是鸟儿吃下后，排泄粪便时就把种子屙在了岛上，也可能是大风把它们的种子吹到岛上来的。有了上面所说的那些植物生长所需要的条件，这些植物在肥沃的火山岩灰里很快就生衍繁盛起来。10年后，绿色植物覆盖了整个小岛。

有了植物，就出现了靠采食植物而生存的昆虫；接着，又出现了靠吃植物果实和种子以及昆虫而生活的鸟类和小动物；以后，又出现了靠吃鸟类和小动物而生存的爬行动物。在火山喷发的25年之后，这个小岛上的动物已经很多很多了，它们在岛上都生活得很不错。但是也有不幸者。曾经有一条鳄鱼来到岛上。可惜它来得太早了，岛上还没有供它吃的食物，当科学家发现它的时候，它已经僵硬，解剖后发现，它的肚子里尽是漂石和砂土，显然是饿死的。

科学家的观察证实了岛上的生物离不开生物链，它们的生态平衡也是逐渐建立的。最典型的一例，是岛上蟒和鼠的生态平衡关系。

在20世纪40年代，不知从哪里来了一些老鼠，在岛上定居下来。老鼠繁殖很快，岛上又没有它的天敌，很快老鼠在岛上称王称霸，泛滥成灾。后来，一条大蟒缠在一棵大树上漂泊而来。这是一条怀孕的母蟒。岛上无数的老鼠成了它的美餐。很快，这条母蟒在岛上繁殖出许多小蟒，过了几年，老鼠的数量开始迅速减少，蟒的数量迅速增加。不久，大蟒因为没有足够的老鼠供它食用又纷纷饿死，于是老鼠的数量又开始急速回升。就这样，持续了很长时间，直到最后，大蟒和老鼠的数量成一定比例后才相对稳定下来。

科学家对克拉卡托岛跟踪考察了几十年。他们观察到火山喷发50年之后的克拉卡托岛已经是森林密布，灌木丛生，不但有蜜蜂、蝴蝶等

蟒和鼠形成互相制约的平衡

多种昆虫，还有大蟒、巨蜥、壁虎、老鼠和各种鸟类，仅脊椎动物就有近50种。

克拉卡托岛的复生展示了自然界生态发展的规律：生命世界，就是在一种既简单又复杂，既朴实又神奇的生物链的基础上建立起来的，只要有时间，大自然本身就能医治哪怕是像火山爆发这样的毁灭性创伤。

16　大火为何不救

1988年7月中旬，一场前所未有的大火在美国黄石国家公园的原始森林里蔓延开来，大火整整烧了3个月，直到10月中旬方才熄灭。

黄石公园是世界最著名的自然保护区，以建立时间最早和面积最大著称于世。它始建于1872年，已有100多年的历史。它的面积近9000平方千米，差不多有黎巴嫩一个国家那么大。保护区内森林密布，河湖

众多，野生动植物资源丰富，光鸟类就有几百种。每年到这里观光游览的游客有 200 多万。这场森林大火持续了 3 个月，焚烧面积达 4500 平方千米，相当于整个黄石公园保护区的一半，损失可谓惨重。

黄石公园为何起火？大火为什么烧了那么久？舆论哗然。不明真相的人纷纷指责消防队，消防队只好如实相告：是公园管理局不让我们进园救火。于是人们又要求公园管理局作出解释。

公园管理局说，黄石公园过去每隔二十几年总要发生一次自然火灾，当然，这些火灾规模不大，自生自灭，对公园里生物群落的更新繁荣没什么影响，甚至还有好处。比如，大火把枯老的大树烧掉，柴灰成

为什么不让我们进林救火

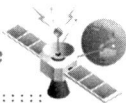

了肥料，可以促使幼树大批萌发生长，这是符合自然规律的。这次黄石公园森林由于天气持久干旱、气温高，也是自然起火，而消防车进园灭火要用油，要用化学灭火剂，这样会污染森林环境，所以在森林大火开始的头3周内没让消防队进园灭火，希望火灾能自己熄灭。却没想到这一年雨季推迟到来，所以后来就难以控制了。至于损失，公园方面说：谈不上什么严重损失，过三四十年，公园的森林就可以自然恢复，无须忧虑。

对于公园方面的解释，似乎有狡辩和推脱责任的味道。但据后来有关专家评论说：在自然界，适度的森林火灾对森林更新是有一定的好处，但是，如果火灾过了头，烧得过了火，就不是无须忧虑的事啦。

可见，森林出现火灾，该不该救，还得根据实际情况，权衡利弊得失才能作出正确的决断。

17 昏天黑地的黑风暴

1934年5月的一个白天，美国东部的华盛顿、芝加哥和纽约等很多城市的天空忽然暗了下来，像出现日食似的。抬头仰望，更叫人吃惊，不知从什么时候起，天空布满了灰黑色的尘土。不一会儿，狂风大作，整个城市处于一片昏暗之中。

过了很长一段时间，风总算停了。天空中的灰黑色尘土无声无息地飘落下来，有不少尘土还钻进人们的眼睛和喉咙，人们流泪的流泪，咳嗽的咳嗽，无不怨声载道。

这场跨美国大陆的黑风暴，是从西边刮来的。

美国的西部原来有一片未开发的草原。19世纪60年代，美国掀起

可怕的黑风暴来了!

了一股开发西部热潮。一时间,土地投机商大做广告,把干旱少雨的西部草原描绘成盛产玉米、小麦的粮仓。于是,一些雄心勃勃的农业投资者,长途跋涉来到西部草原垦荒。他们买下大片大片的土地,种上小麦、玉米,并获得了丰收。于是,又来了更多的垦荒者,他们又开发了更多的土地,种上了粮食。可是他们并没有想到,西部草原干旱少雨,草原的植被一旦被大面积破坏,土壤表层就无法保持。随着垦荒的面积不断扩大,草原植被越来越少,终于酿成了灾害。大风一来,土随风起,刮得满世界都是尘土。这一次,就是大风夹带着草原表土,飞到了千里之外的东部城市。据事后测算,仅芝加哥市就落下了1200万吨尘土,每个市民可以摊上2千克,就连远在483千米以外的大西洋航船,

也受到了这天赐尘雨的洗礼。

从此，美国西部的黑风暴年年不断。几年中，西部草原有 3.5 亿吨的肥沃表土被风刮走，垦荒者中的大农场主破产了，小户农民更是苦不堪言。1936 年，美国总统罗斯福竞选时曾来到西部干旱平原，后来，他悲伤地回忆说："我曾和一些农户谈过话，他们失去了小麦，失去了玉米，失去了家畜，失去了井水，失去了家园，到夏末还没有一块钱的现金来源，他们面临着冬天无粮无饲料，面临着播种季节没有种子等问题。"

滥垦西部干旱的草原带来的问题还没有完。西部的草原被毁了，东部的城市却又平添了一种新的疾病，叫尘土肺炎，就是因为吸了西部刮来的黑尘引起的。黑风暴年年来，很多人的尘土肺炎年年犯。直到现在，美国东部城市的人们都怕黑风暴的到来。

不顾地理环境条件，盲目开垦破坏了植被，造成大量表土被风暴卷走，从而形成荒凉的沙漠，这样的教训，不仅仅是出现在美国西部。这个问题，必须引起后人的重视。

18　遮天蔽日的黄风暴

1954 年，前苏联政府为了生产更多的粮食，动员了几十万热情的垦荒者，从四面八方来到前苏联境内的中亚细亚和西伯利亚，决定把那里大片大片的荒漠草原开垦成农田。

垦荒者奋斗了 5 年，陆续开垦出 4000 万公顷农田，比英国国土面积还大。

在开头的两三年中，垦荒计划进展顺利，成效也十分显著，前苏联

的粮食产量很快增加了50%。每一个参与垦荒的人无不欢欣鼓舞。

但是，问题也随之暴露了出来。

新开的耕地原先大部分是干旱、半干旱草原，由于垦荒翻地种粮食，草原植被被破坏了，每当遇上刮风的天气，被垦荒过的破碎的表土成吨成吨地被风轻而易举地吹走。开始是小黄风、小干旱，很快就出现了大黄风、大干旱。

到1960年，黄风和干旱空前严重起来。尤其是夏天，黄风一个劲儿地刮，土地一天比一天干旱，只见尘土满天，就是不下雨。

在这种风狂天旱的日子里，很多新开垦的耕地根本无法播种，有的地方勉强播了种，出了苗，但在狂风和干旱的蹂躏下，大片的农田由绿变黄，连种子都收不回来。

到1963年，黄风暴更加猛烈地扫荡了中亚细亚和西伯利亚的新垦耕地。在哈萨克斯坦的巴夫洛达州，有110万公顷庄稼被黄风毁掉，有80万公顷土地再也无法耕种，还有20万公顷耕地被黄风搬来的砂石覆盖。全哈萨克斯坦的受灾面积达到2000万公顷。

黄风暴像一个愤怒的复仇者，它毁了大片新开垦的耕地仍不肯善罢甘休，还去扫荡原有的农田。这样一来，总受灾面积达到4500万公顷，比前苏联欧洲部分的全部耕地总面积还大。

人们自然要问，黄风暴为什么如此厉害，如此无情？

原因很简单，那就是，西伯利亚和中亚细亚的大部分干旱草原只适于放牧，不适于种粮食。因为草原上生长的是多年生牧草，它们的根系在土壤里纵横交叉，盘根错节，能紧紧地抓住土壤而不让风吹走。而土地一旦被开垦，情形就不同了。土地经过多次犁耙，土壤被翻起，草根被破坏，土层变得非常疏松，太阳一晒，大风一吹，很容易被风卷起，于是就形成了这种遮天蔽日的黄风暴。

违背了大自然的规律，大自然就会对触犯它的人们实行疯狂的报复。大自然的报复是相当无情的。

19　鱼儿重返泰晤士河

　　闻名世界的英国泰晤士河发源于英格兰的科茨沃尔德山，全长 346 千米，由于它穿过英国首都伦敦而被称作"皇家之河"。历史上的泰晤士河水流清澈，渔产丰富，风光秀丽，为人们提供着水源、渔业资源、旅游资源和交通便利。然而，由于人们疏于管理和爱护，城市的生活污水和工业废水、废渣，常年不断流入，严重地污染了泰晤士河，使泰晤士河成了臭水河。到 1850 年，泰晤士河里已找不到什么生物，除了老鼠还出没在河边外，整个泰晤士河成了一条死河。因为水质不洁，还影响到伦敦曾多次发生霍乱和瘟疫。

　　早在 1875 年，英国政府就成立了泰晤士河管理局，开始拯救污染的泰晤士河。

　　然而，这条皇家之河治理了将近百年，钱不知花了多少，就是成效不大。有关方面分析其原因，认为这当中固然与两次世界大战有关，但两次战争总共不过十来年。因此，战争不是治河无效的主要原因。经过分析认为，主要原因是没有法令，大家各自为政；没有统一的规划和科学的管理，有时还互相扯皮。"龙多不治水，治水一条龙。"这句普通的话成了各有关方面的共识。在这个基础上，于 20 世纪 60 年代初成立了统一的泰晤士河管理委员会。

　　管理委员会立刻制定了三项措施：

　　严禁工业污染物流入泰晤士河；

　　改建城市下水道，实行清水污水分流；

　　沿河增建 38 个污水处理厂，不让城市的生活污水直接流入河中。

哈！在泰晤士河里又钓到了大鱼

统一的规划和严格的管理，再加上科学技术的应用，治河的事总算有了成效。

1969 年，鱼儿重新回到了泰晤士河，它带来了泰晤士河新生的信息。

1983 年，有人在泰晤士河里捉到了一条约 5 千克重的大鲑鱼。它表明，泰晤士河的水质确实有了极大的改善。

又过了若干年，泰晤士河终于基本上恢复了往日的面貌。

泰晤士河由污变清竟用了上百年的时间，这确实少见，其间的经验教训是十分丰富并值得我们后人借鉴的。

20 田纳西的奇迹

美国有一条大河，名叫田纳西河。田纳西河发源于大西洋岸边的弗吉尼亚州，它没有向东直接入海，而是向西流经北卡罗来纳、乔治亚、

阿拉巴马、田纳西、肯塔基、密西西比几个州，经俄亥俄河汇入世界第一长河密西西比河，注入墨西哥湾。田纳西河本身全长1050千米，流域面积10万平方千米。由于农业和畜牧业的发展，森林植被被严重破坏，导致田纳西河流域的水土流失，水旱灾害频繁，山洪经常暴发，沿岸居民的生活非常贫困。

1932年，罗斯福当上总统，他决心要把田纳西流域的穷山恶水治一治。

1933年，当局建立了一个流域治理领导机构，这就是田纳西建设局。建设局的建立，拉开了田纳西治理的宏大序幕。

如此规模宏大的建设计划，千头万绪，从何处下手，事关重大。他们决定先抓植树造林，绿化荒山，再搞综合治理，水、土、林、农合理安排，因地制宜，各得其所。又抓了水利建设，一面疏通河道，一面修建水库，让水库发挥航运、发电、防洪、灌溉、养殖等多种功能。

以上这些计划，说起来容易，做起来并非易事。

罗斯福总统未能亲眼看到田纳西治理的成绩，因为他在1945年就逝世了，但他开创的事业却一直在继续。经过30多年的努力，田纳西流域的面目才焕然一新。这里的大地一片翠绿，昔日的荒山秃岭早已郁郁葱葱，平原地区河网密布，航道畅通，40多座水库星罗棋布，农业单产比30年代提高了一倍，田纳西流域的国民收入比治理前增加了34倍。因为有许多小水库，改善了那里的自然风光，田纳西流域还建立了很多公园、水族馆、浴场、避暑别墅和观光胜地，仅山区就有110个公园，24个野生动物管理区，310个湖滨风景区，110个度假村和俱乐部。经济发展了，环境也越来越美。

人们用自己的努力给田纳西创造了一个漂亮的奇迹。

田纳西的变化说明了如果开发不合理，生态平衡和自然环境会遭到严重破坏，而且自然资源本身也将日趋枯竭，影响人类的生存和社会的发展。所以，人类在开发和利用自然资源的同时，必须对自然环境合理地利用，进行保护和管理。

21 鸭儿湖的新生

在中国湖北省鄂州的附近，有一个不大的湖泊，叫鸭儿湖。鸭儿湖虽小，但对当地老百姓来说，却是一宝。小小鸭儿湖，水草丰茂，碧波荡漾，鱼肥虾壮，水鸟众多。湖水可以浇灌 3 万多公顷良田，湖中每年可捕几十万千克肥鱼，水草还可以沤肥。因此，鸭儿湖是当地的重要水源、肥源和财源。

1961 年，在湖的上游建了几个化工厂，由于无人重视环保，化工厂的废水未经任何处理便源源不断地流进湖里。从此，鸭儿湖遭到了厄运。湖中的水草死了，湖里的鱼越来越少。渔民们常常空手而归，有时碰上好运气捕上几条鱼，也是弯曲变形的，那是受污染致畸形的鱼，人根本不能吃。

被污染的湖水也无法浇地，因为用这种水浇灌生长的粮食，它里面也含有有害物质。

牛有中毒死的，猪有中毒病的，甚至连人也有受害的。

中国科学院湖北水生生物研究所的科研人员，从武汉市来到鸭儿湖，开始了对鸭儿湖污染的调查和治理。他们经过多年的探索后，提出了一个大胆的自然净化的治理方案。

他们在对鸭儿湖污染的调查中发现，那些化工厂排出的废水并不是一成不变的，在经过太阳光一段时间的照射后，废水中的有害物质会慢慢氧化、分解成为无害物质；同时，湖中有一些微生物，它们不怕那些有害物质，并以这些有害物质为食物。根据这样一些特点，科研人员决定将湖的上游部分，分成若干个小湖，小湖之间修上堤坝，这样，废水

要经过两个多月的时间，才能从一个个小湖流进大湖。在这段时间里，废水经过太阳光长时间的暴晒，有害物质就会被氧化分解，毒性会越来越小；同时，小湖中还有专门培养的几种能吃有害物质的微生物，它们专门将一些有害物质吃掉，同时排泄出可供鱼虾等水生生物吃的物质。科研人员将这些小湖叫做氧化塘，它也就是利用大自然本身条件净化污水的自然净化方案。

1976年，氧化塘工程上马，只用了几个月的时间，氧化塘就修建好了。

经过几年的实验，证明氧化塘是十分有效的。尽管靠近废水入口处的一级氧化塘水很臭，但经过二级塘、三级塘以后，水就很清澈了。在第五级氧化塘中，已经可以养鱼了。经过化验测定，湖水已达到净化指标了。

如今来到鸭儿湖，你可以看到一派生机勃勃的景象。空中飞鸟不断，水中游鱼无数，近处荷花飘香，远处渔歌对唱。如今，鸭儿湖的水不但能浇地，能养鱼，而且粮食增产，每年鱼产量也比以前高出一倍，这是因为由污染物质分解出的营养物质多了，湖里作为鱼食物的藻类等浮游生物多了，鱼有丰富的食物可吃，当然长得快，长得肥了。

鸭儿湖得到了新生，但这新生来之不易。可是千万不要认为有了氧化塘就可以随便污染湖水，环境保护一定要防患于未然。

22　章古台重披绿装

中国北部有一片号称"八百里瀚海"的科尔沁沙地。在那里，一年一场风，从春刮到冬。起沙风每年要刮240多次，最大风速可达32米/

秒。大风刮来，天昏地暗，东西不辨，农田、牧场、水井、房舍被沙刮、沙压是家常便饭。

但是300年前，科尔沁不是沙地，而是水草丰美、牛羊肥壮的大草原。由于当时的清朝政府不顾地理环境，盲目提倡毁林开荒，才使草原变成了荒凉不毛、连绵起伏的沙坨子。

1952年，一批科研人员来到科尔沁沙地的章古台，进行治沙实验，他们要让沙坨子重新披上绿装。

开始，困难重重，治沙实验面临着一次次失败。沙坡上刚栽上树，风沙就把树刮死、打死；沙坨子里种上了草，风沙把草连根拔掉；沙丘上埋下了人工沙障，风沙又把沙障吹烂。几年过去了，还没有制服章古台的沙丘。

章古台的面貌焕然一新

科研人员并没有在困难面前气馁，他们深入沙海腹地研究，根据沙坨子的特性，又在沙坨子里改种下苦条、胡枝子、黄柳、差巴戈蒿、紫穗槐等灌木，先让它们把沙子暂时先固定住，又从大兴安岭引来了优良的耐沙地的树种樟子松、油松等，精心照料、培育。

科研人员和当地群众与沙丘奋战了30多年，终于治沙成功，章古台的面貌焕然一新，2000多公顷人工林海松涛滚滚，姹紫嫣红的沙地果园长着香甜可口的东光苹果和松脆多汁的早酥梨。

章古台治沙成功，标志着人类对沙漠化土地的认识、利用和改造进入了一个新阶段，人类能够解决所面临的严重的环境问题。

23　绿林"好汉'"保护了沙坡头

1993年5月5日，在这一天的中午12点，一股特大的沙暴自新疆的哈密从天而降，大沙暴卷着砂尘石砾，以130千米/时的速度一路东去。当天下午，它就来到了地处腾格里沙漠东南沿的宁夏中卫县。

当时正值下午6点钟，人们突然发现，在沙漠的东北天际，冒出了一堵黑墙，这黑墙一边升高，一边向前推进，同时飞快地向两翼展开，把中卫县全部包围在里面。当这堵黑墙逼近县城的时候，似乎发出一声巨响，一时间帷幕四合，天日不见，一片昏黑。天上黑灰黄色尘云翻滚，地上飞砂走石，打得人走不动，站不住，睁不开眼，喘不过气。人们纷纷逃进家里，紧闭大门，只等着这场沙暴赶快过去。

这场大沙暴横扫了中国新疆、甘肃、宁夏、内蒙四省区72个县的110万平方千米土地。沙暴过后，死85人，失踪31人，伤264人，刮倒房屋4410间，毁坏农田37.3万公顷，牧民的牛羊损失120万头；水

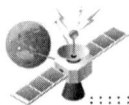

利设施数百处被毁，数十家企业停产，公路、铁路、电缆、通讯线路刮断的更不计其数，直接经济损失 5.5 亿元，其受灾程度不亚于一场地震。

四省区中，宁夏是重灾区，受灾人口 70 万，有 46 人死亡或被风刮走而下落不明。

在宁夏，又以中卫县受灾最重。16 个乡 20 万人受灾，死 24 人，失踪 10 余人，经济损失 1200 万元。

但是，地处中卫县东南沿的沙坡头，在这场沙暴之后，却出现了一个令人难以置信的奇迹。

数千名正在沙坡头筑路的民工安然无恙，没有一个伤亡。

在筑路现场的车辆、筑路机械无一受损。

沙坡头内 7 个车站、7 个养路区、4 条高压线、1000 座扬水泵站、几十千米水渠，几乎没有受到什么损失。

这是怎么回事呢？原来，在本世纪 50 年代，兰州至新疆的铁路要从沙坡头经过，为了保护铁路，林场科技人员和老百姓建设了一条长 40 千米、宽 200 米的治沙保路防护林带。这条防护林带，除前沿 50 米草障林带有一部分被沙侵埋外，其余的林木巍然屹立，完好如初！正是这道防护林带，如同一位"绿林好汉"，如同一道防沙长城，保护了沙坡头。

这确实是一个令人难以置信的奇迹。说它奇，也不奇。如果说沙暴肆虐成灾是大自然对不尊重它的人们的一种报复的话，那么大自然的报复是有原则的，它不会把灾难降临到绿化了的沙坡头的头上！

24　黄土坡的变化

中国的黄河流域，是人类文明的发祥地。由于古代不注意培育林木，而且大规模地毁林开荒，造成严重的水土流失，导致大量的良田美地沦为贫壤瘠土。宁夏的西吉，就是这样一个自然环境退化的地方。水土流失面积达 95％，每平方千米每年要损失土壤 7000 多吨。虽然农业用地面积占 60％，却是没有树、没有草、畜少、肥少、缺柴、缺粮的贫困地区。

1981 年，联合国粮农组织选择了西吉最荒凉的黄家二岔，进行退耕还牧治理试验，并提供 5 万吨小麦，作为黄家二岔进行退耕还牧试验的粮食补偿。北京林业大学水保系的师生奉命来到黄家二岔，进行联合国委派的这项治理试验。

北京林业大学的师生们头一炮就是在农田里播种土耳其红豆草。这种红豆草是好饲料，适应力强，种下去后，很快就繁殖起来。0.4 公顷草场能养一头牛，一头牛能卖五六百元，这比种粮 667 平方米地才收入十几元强多了，而且改善了土壤，保持了水土不再流失。

北京林业大学的师生们又带领乡亲们在黄土坡上大量植树造林，恢复森林面积，改善自然环境。

1984 年，国际知名的水保专家韦伯教授来到黄家二岔，他是受联合国的委托来检查这项退耕还牧植树造林试验结果的。虽然时间才仅仅过去 3 年，但黄家二岔已发生了很大的变化。韦伯教授看到山上长着树，牛羊满山岗，家家不愁吃，户户住新房，他认为这个退耕还牧小流域的治理试验是有前途的。

就这样，10多年的时间里，北京林业大学先后有200多人来黄家二岔工作。种植人工牧草，营造薪炭林，修梯田，建水库，实行草田轮作，终于彻底改变了黄家二岔的土地利用结构：农业用地占36.4％，林业用地占23.4％，牧业用地占37.9％。耕地虽然减少了，但粮食总产量却增加了3.25倍；林草覆盖率从1.8％上升到51％，畜牧业产值增加了5.3倍，土壤流失减少了95％。退耕还牧植树造林改造了环境，改善了生态条件，农林牧副渔五业兴旺。

黄家二岔的变化说明了运用环境科学是可以解决环境问题的。

25　全巴图的新生

在内蒙古自治区包头市西郊区，有一个全巴图乡。生活在这里的农牧民，祖祖辈辈过着半农半牧、自给自足的日子，不算富足，也不太贫穷。

60年代后，由于包钢尾矿和发电厂储灰场工业废水的渗漏污染，这里的人畜生病的越来越多。加上地下水资源和土地资源的不合理利用，全巴图的植被遭到严重破坏，耕地盐碱化、沙化越来越厉害，这里成了最穷最苦的地方，老百姓不得不三步一回头地离开故乡，移居外地。

70年代后，当地环保部门采取了很多措施，治理污染，但因种种原因，效果总是不大。

1991年，包头市政府提出要为老百姓办20件实事，其中之一就是决心恢复全巴图的生态条件。市环保局提出了一个综合整治的十年计划，把环境治理和发展经济结合起来。

在环保部门的帮助下，全巴图乡人民按照生态学原理，一边治理污染源，一边植树造林，消除土壤和水源的污染。他们筛选引种了一批不

怕污染的植物，让它们在消灭土壤污染物和改良土壤中打头阵。这些植物确实不负众望，有效地扼制了污染的扩散，可耕地由 1600 公顷增加到 1800 公顷。在已经改造的沙土地、盐碱地上，全巴图大种经济林木，大搞立体水产养殖，初见成效。如今，枸杞、罗布麻和果树，都已经结出了丰硕的果实，新开发的昭君岛旅游区也在 1994 年开放接待游人。全巴图给客人的印象是，这儿完全没有污染重灾区的景象，反而是一派生机勃勃的新气象。不少外迁的农牧民纷纷返回自己的故乡，过上了安稳而温饱的好日子。

全巴图乡的变化告诉我们，环境污染可以使一个生生不息的乡村凋敝衰落，使村民们背井离乡。但是，如果能按照生态学原理综合治理，把恢复生态和发展经济结合起来，凋敝的村庄还可以逐步恢复生机，获得新生，只是，代价不小，需要的时间也相当长。所以，对污染，还是预防为主，要防患于未然。

26　留民营的曙光

20 世纪 70 年代末，北京市环境保护研究所的专家来到北京市大兴县留民营村。

经过一段时间的调查和准备，北京市环保研究所准备在留民营村实施生态农业计划。什么是生态农业呢？简单地说，就是将农业废弃物转换成资源和能源，用于生活和生产，既减轻了农业废弃物对环境的污染，又保持了农业生态的相对平衡，使农业生态形成一个良性循环，并且还能取得更多的产品。自从本世纪 60 年代以来，英国、美国、日本、菲律宾和印度等国，都建立了一些生态农场，并取得了很好的经济效

益。中国从 70 年代起也开始了生态农业的实验和研究。留民营村就是试点之一。

留民营村实施的第一项大工程就是发动各家各户建沼气池。

说起沼气池，也很简单。它就是把人畜粪便、农作物秸秆和树叶等农业废弃物搁在一个封闭的池子里发酵，这些有机物在细菌的作用下分解出以甲烷为主的气体，这便是沼气。沼气是可燃气体，可用于发电和做燃料，把沼气引出来，既能做饭，又能点灯。全村 162 户人家都修起沼气池以后，解决了村里多年烧柴不足的问题，而且还减少木柴燃烧时烟雾对空气的污染。

沼气池的建立，处理了人畜粪便，村里的卫生环境大大改善，苍蝇明显地减少了。

沼气池中的残渣经过处理后，还可以做饲料和肥料。过去，农田里的秸秆有相当一部分当柴烧了，现在秸秆在沼气池中发酵后，还可以用来做猪饲料；沼气池中的秸秆等物质在发酵时能产生高温和缺氧的环境，把原来藏在里面的活虫卵、病菌等都杀死了。这样用沼气渣做肥料，既改良土壤，肥效又高，还大大减轻了化肥和农药对土地的污染，

有这么多的好处吗

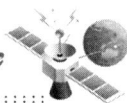

真是一举两得。

留民营的第二项工程是结合本村的实际情况，把村里的种植业、养殖业和加工业联系起来，大搞立体结构农业生态体系。比如，鸡粪经过处理后，可以喂猪，猪粪尿可以沤秸秆，发酵发生沼气。可把鸡圈放在猪圈上面，再在猪圈下面修建沼气池。又如，过去鱼塘要投放很多饲料，现在用一部分沼气渣和猪粪来做鱼的饲料，节省了鱼饲料。最后又用鱼塘里含有大量鱼粪的淤泥上地，做庄稼的肥料，又节省了化肥。经过这样的改造规划，整个留民营的农业生态形成了一个良性循环，鱼、鸡、猪、农作物几大生产互为条件，互相促进，实现了农林牧副渔生产全面协调的发展，投入少，产出多，还是那么多土地、人口，却可取得很大的综合经济效益。大家都称赞这种按生态规律发展生产的办法既能致富，又能减轻环境污染，是条康庄大道。

北京市大兴县的留民营村，在 1987 年获得了联合国环境规划署授予的"全球 500 佳"称号。留民营的生态农业模式，给全国的农村走向生态农业发展带来了曙光。

27　青龙河要养育两岸生灵

在河北省的东北角，有一条水流湍急、弯弯曲曲的青龙河。它从辽宁省的西端流过来，穿过燕山山脉的东段，汇入滦河而回归大海。在它的中段，流经青龙县，县名就是因青龙河而来。青龙河世代奔流，生生不息，养育着沿河两岸的山区生灵。

可是近几年来，青龙河不再是一条清澈的河流，而是一条污浊的废水沟。

别为了采黄金而污染了山河啊

　　青龙县是一个黄金产地，已探明的黄金储量有 60 吨，分布在 20 多个乡、40 多个村。这几年，大家都看着采金能赚大钱，纷纷采挖，于是村村点火，处处冒烟，从业人员达到 6000 多人，一年能生产黄金300 多千克。

　　黄金是挖出来不少，大好河山却给破坏了。一座座青山被挖得千疮百孔，伤痕累累。一些个人采金者搞非法氰化，汞碾子加工，废渣乱堆，污水乱排，还把青龙河当作排污管道。要知道，氰和汞都是有剧毒的物质，这样的污染不是小事啊！

　　终于，1995 年，当地政府采取果断措施，制止人们乱挖滥采黄金、破坏生态、污染水源的做法。

这些措施当中，最重要的是"无证不能采金"和环保局的"一票否决"。这"一票否决"，就是说采黄金最后要经过环保局批准，如果哪个采矿点或加工点的工艺不符合环境保护的要求，只需环保局一句话，政府就叫你立即停采。

这些办法实行以后，谁也不能违犯。废渣回收，废水循环使用，再不能把青龙河当废水沟了。

青龙河的变化告诉人们，即使是采黄金，也不能随便污染环境，破坏生态。

28　猪粪变成赖氨酸

在荷兰代尔夫特市的郊区，有一个很大的养猪场，人们去这个养猪场，不需要什么路标，也不必向人打听，光凭鼻子就能找到了。因为从猪场里散发出来的猪粪的气味，刺鼻难闻，老远就能闻到。虽然养猪的工人将猪场猪舍打扫得很干净，可是里面养的猪太多，每天排泄出来的大量粪便，散发出大量的臭气。更令人心烦的是，猪粪中含有很多的氨，弥漫到空中，如果遇到下雨，就会变成稀硝酸，它们随着雨水降落下来，就是酸雨。酸雨不但直接伤害绿色的庄稼和树木，而且渗到地下以后，经过氧化作用，又形成了有害的硝酸盐。这个环境污染问题一直困扰着当地的畜牧家和环保科研人员。

一天，这个市的一家生物工艺公司的科研人员，又到猪场考察，想寻找到一种消除猪粪污染环境的方法。

这位科研人员来到饲养场的时候，饲养员正在给猪喂饲料。科研人员问：给猪吃什么呢？饲养员告诉他，除了一般的猪饲料，还特别添加

谢谢微生物，将猪粪变成了赖氨酸

了一种叫赖氨酸的蛋白质。

　　饲养员简单的介绍却使这位科研人员心中一动：因为猪粪中的刺鼻臭气氨是氮的化合物，猪饲料中的赖氨酸也是氮的化合物。两种化合物虽然不同，但都含有氮，这是相同的，有没有办法使猪粪中含氮的氨转化为含氮的赖氨酸呢？

　　科研人员回到公司里就和同事们开始了琢磨，他们想，这个转化只有请微生物来完成，因为微生物常常有将一种物质转化为另一种物质的本领，只是不知道哪种微生物有这种功能。

　　于是，他们以微生物中的几百个菌种作为实验对象，进行选择。在无数次的实验筛选后，终于分离出了一个菌种，这个菌种能将猪粪便中的氨转化为赖氨酸。

　　1994年，这项实验成果已经可以进行商业性生产了。一次可以处理10万升的猪粪，将猪粪转变为赖氨酸。这项科研成果，不但变废为宝，带来了经济效益，而且在根治环境污染方面也另辟了一条新路，给人以启示。

29　一泓碧水在密云

在北京密云县，有一个密云水库，它蓄的水专供首都北京市1000多万人口饮用。为了保证水库里的水洁净，没有污染，密云县的人采取了很多措施。比如：工厂的废水都不准排到密云水库里；流向密云水库的上游水，都是澄清而不含泥沙的。

但是，当时水库建成时还有三道难题叫密云人担忧，那就是：水库周围0.2公顷多的地带种植了许多树木，它们要是长起虫来怎么办？怎么治虫？密云的农民得种玉米、种棉花，可每年都会出现的玉米螟、棉铃虫虫害，怎么防治？还有，密云水库里能不能养鱼呢？如果养鱼，鱼的粪便会滋生微生物和浮游生物，又该怎么治理呢？

密云人相信科学，尊重科学，他们找专家共同研究，最后找到了解决问题的办法。

鸟是树的朋友，它们可以吃树上的各种害虫。密云人就在群众中提倡爱鸟，让很多的鸟到树林里安家。为了对付一般鸟儿都不吃的松毛虫，密云人专门从山东日照县引进了800多只专爱吃松毛虫的灰喜鹊到密云安家落户。现在密云上游的林木长得茂盛，很少虫害，不必担心用农药灭虫污染水源了。

为了对付庄稼地里常出现的玉米螟、红铃虫等害虫，密云人引进并培育了玉米螟、红铃虫的天敌赤眼蜂，保护了玉米、棉花在生长过程中免受虫害。这样从庄稼地里渗出去的水，就绝对是不含农药的水了。

那么，密云水库能养鱼吗？鱼类专家说，应该将水库中的养殖与微生物防治结合起来，鱼的粪便虽然能滋生浮游生物和微生物，但是也有

专门吃这种浮游生物和微生物的鱼。比如日本有一种池沼公鱼，专吃水中浮游生物，绰号叫"水中清洁夫"；还有中国江苏的大银鱼，也是吃浮游生物的，可以引进一些放养，清洁水库水质。密云人果真从日本引进池沼公鱼，从江苏引进大银鱼，结果，不仅净化了密云水库的水质，还使水库里放养的鱼类丰收。1996年，水库的鲤鱼、草鱼等产量达到170万千克，单是池沼公鱼的产量，就达到了60万千克，其中的15万千克还出口到日本。

密云人就是采用这种请鸟护林、引寄生蜂治虫、养鱼净水的方法，保持了密云水库的一泓碧水不受污染，而且在环境保护方面也提供了很多可借鉴的办法。

30　四不像重返故土

1865年，英国有个叫大卫的人，偷偷地从中国北京城南的皇家游猎园林南海子买了几只麋鹿，又偷偷运到英国。不了解情况的人当然不知就里，可饲养管理和研究麋鹿的专家却痛心疾首。这是因为，麋鹿是中国独有的珍稀动物，在中国，也只有南海子这个地方才有一群麋鹿，其他地方已一只也没有了。还因为，大卫是买通个别财迷心窍、贪赃枉法的官员才搞到这些麋鹿的。

麋鹿只产于中国。在古代，中国的麋鹿曾经很多，因为它有点像鹿，被归入鹿类。其实它角像鹿，颈像骆驼，身像驴，蹄像牛，但从整个来看，又哪一种动物都不像，因此自古便有"四不像"的俗称。可能跟环境破坏和大量猎杀有关，中国麋鹿的数量越来越少。到了元朝的时候，只有皇家游猎园林南海子里放养了一群麋鹿，它们在那里还能自由

自在地生息繁衍。当然，南海子虽大，也是圈起来的，麋鹿想跑也跑不出去，所以得到了保护。经过明朝到清朝时，南海子的麋鹿数目已经逐渐增多了。

大卫偷运走了一些麋鹿，对南海子这群麋鹿本没有大的影响。可是，1894年，南海子发了一场大水，麋鹿损失不少；1900年，八国联军打进北京，疯狂烧杀掠夺，南海子麋鹿也未能幸免此难，中国的麋鹿从此灭绝。

再说大卫把中国麋鹿偷运回英国之后，把它们养在英国乌邦寺的别墅里，精心照料。过了若干年，麋鹿居然越繁殖越多。在1914年第一次世界大战爆发时，大卫的后代担心万一战火烧来，这些珍稀动物难免遭殃。他们深知麋鹿的宝贵，于是就把乌邦寺的麋鹿分散到世界其他地方饲养。当1949年新中国建立时，中国特有的珍稀动物麋鹿在中国连一只也没有了，而在英国等地却还有。后来，中国设法迎麋鹿重返故

欢迎你，可爱的四不像

49

土，并在北京、江苏等地饲养，终于使这一国宝在它的故乡重新安家落户，繁衍昌盛起来，现已发展到几百只了。

应该说，能使麋鹿不致绝种，那位最早偷运麋鹿的大卫和他的后代，还是有功劳的，因为是他们保护了麋鹿的生存和繁衍。这样说，也许更实事求是。

31　一场幽默的"审判"

1991年年底，日本大阪新闻媒介传出一条消息说，商工会议所即将对坂田俊文教授进行"审判"，一时全市沸沸扬扬。

为什么要审判坂田俊文教授呢？因为这位教授和大阪气化能源·文化研究所地球大灾难研究会的另外12名研究人员，写了一份耸人听闻的报告，说"人类再过99年将彻底灭亡"。起诉者以"把根本不能发生的事说得像真的一样来扰乱人心"为由，对坂田等三人提出"诉讼"。

那么，坂田等人的报告是怎么说的呢？他们的研究报告对业已公布的生态数据进行了定量分析后认为，从现在起在第一个33年内，是"分散和膨胀"的时代，人口数量爆炸，经济增长活跃，环境将被迅速污染；第二个33年，是"统一和调整"的时代，人类经过反思，放弃了市场经济，经济增长率为零，个人利益和国家利益将发生冲突；第三个33年，是"无秩序无管理"的时代，是一个无政府的大乱世，环境破坏，人类弱肉强食，城市行将毁灭。这些，就是坂田"99年人类有可能走向灭亡"的报告的主要结论。

人们期待已久的审判终于开始了，有200多人前来旁听。

起诉者一再强调，坂田的报告是不真实的。

被告驳得起诉者无言以对

辩护律师说："没有什么地方不真实。"

"坂田教授的报告忽视了科学技术的威力，"起诉者说，"科学技术完全可以解决人类生存环境的问题。"

辩护律师反问："试问，人口数量爆炸，土地面积迅速减少，物种加速灭绝，沙漠蔓延，森林锐减，污染遍布全球。全球环境恶化的速度如此之快，科学技术如何来解决它们？"

"我再问你，"辩护律师说，"地球变暖，南极冰山融化，海平面上涨，多少滨海大都市将被淹没，科学技术又如何来解决？"

"这，这，"起诉者显然有点窘迫，"如果南极冰山融化，那就在南极周围建起一座高2000米的大坝，一定可以避免灭顶之灾。"

旁听席上一片嘘声和嘲笑声。

这时，辩护律师乘机反唇相讥："现在是越不懂科学技术的人对科

学技术期望越大，而实际上，科学技术并没有那么大的威力！"

检察官又让所有的旁听者都发表意见，结果呢，只有 45 人认为被告坂田有罪，196 人认为无罪。

不过，这场审判并不是真审判，而是一场幽默的学术辩论。和坂田一起起草报告的 12 人分别担任检察官、辩护律师和证人，全体旁听者当陪审员。

当然，我们并不相信"人类再过 99 年将彻底灭亡"的说法，但是，坂田提出的那些问题却是当前生态科学所面临和必须赶快解决的。

32　模拟地球的生物圈 2 号

我们的地球——人类生存繁衍的第一生物圈，面临着日益严重的环境问题。人类活动的废弃物，每天都在污染着空气、水和土壤，严重地威胁着人类和其他生物的生存，每年有大量的植物、动物面临灭绝的危险。

为了创造更美好、更适宜的环境，20 世纪 80 年代中，美国制定了一个生物圈 2 号计划，即建造一个模拟地球生态的微型生物圈，使人类对环境的认识、利用和改造能够进入一个新的阶段，进而探索将来在太空建造生物圈、向太空移民的可行性。

经过 5 年的时间，1990 年终于在亚利桑那州的大沙漠里，建成了生物圈 2 号实验室。这是一座巨大的玻璃房，这个玻璃房可不是普通的温室，它里面有山有水，有沙漠，有草原，有农田，有牧场，还有海洋，各种动植物有 3000 多种。一股湍急的流水从 30 米高的高坡上奔腾而下缓缓流过平坦的草原，注入大海。这海水取自太平洋，水深达 10

米，里面生长着 1000 余种海洋生物，还有人造的海浪。玻璃房内不时有徐徐清风阵雨降落，一切和真的地球似乎并无两样。

生物圈 2 号实验原定在 1990 年 10 月开始，不料仪器出了故障，实验只得一推再推，一直推到 1991 年的秋季才进行。

建立一个模拟地球的生物实验圈

1991 年 9 月 26 日，来自不同国家的 8 名志愿者就像要做一次漫长的宇宙旅行一样，告别了亲朋好友，走进了这座沙漠中的大玻璃房。

这 8 名志愿者 4 男 4 女，分别来自美、英、德、法和比利时等国，是从 13 名志愿者中挑出来的，年龄最小的 20 岁，最大的 60 岁，已经过数年的训练，做好了迎接任何艰难险阻的准备。他们进入这个生物圈 2 号实验室之后，除通过电话和计算机与外界联系外，还要在这个生物圈里自己种田养殖，过完全与世隔绝的自食其力、自给自足的生活，二年内谁也不许出来。生物圈里有办公室、实验室、健身房和医疗室。志愿者每天上午劳动 4 个小时，下午和晚上可以自由活动，看书、下棋、打牌都可以。8 个志愿者中有一位是医生，可以治疗一般的疾病。实验开始后不久，来自英国的杰尼在做打款机时，不小心把右手中指尖切断了，只好通过气闸把他送到圈外治疗半天。除了这个事故之外，这 8 位

志愿者都生活得很好，身体很健壮。

8 位科学家每天都通过 5000 多个传感器和观察点认真记录着各种数据，在生物圈外面还有几十名科学家拿电视摄像机日夜拍摄着他们的一举一动，而且每天来此观光的人络绎不绝。

1993 年，生物圈 2 号实验结束了。一些科学家认为，生物圈 2 号的"研究成果将使人类更好地管理第一生物圈"，也有人对此嗤之以鼻。实验取得了一些成果，但距离在太空建立人工生物圈的实用目标还相差甚远，还需要进行很多的实验才行。

33　燕子坐上火车专列

1990 年的春天，一辆燕子专列火车从瑞士的洛桑市开出，沿着日内瓦湖走了一段，向南开去。这辆专列上的乘客，全部是燕子，只有少数几个工作人员和列车员。

这些燕子为什么坐火车，而且坐的是专列火车呢？

燕子长着宽阔的大嘴，在飞行中捕捉蚊子等昆虫，是人类的朋友。燕子还是一种候鸟，它随气候的变化而迁徙。一到春天，燕子就从南方飞回来了，它们在农家的屋檐下、房梁上衔泥筑巢，繁殖后代。小燕子出生以后，燕子妈妈和爸爸就到田野里叼回小虫子，嘴对嘴地喂小燕子。它们一趟一趟地到外面逮虫子，这次喂这只，下次喂那只，一个一个地把所有的小燕子喂饱，直到天黑才休息。到了秋天，小燕子长大了，燕子妈妈就带着小燕子向南方飞去，到暖和的南方去过冬。

这一年的秋天，有上千万只燕子在迁徙中飞临瑞士南部的阿尔卑斯山。阿尔卑斯山是欧洲第一高山，有 4000 多米高。正当大群燕子路经

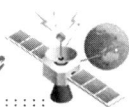

这里的时候，天气突然变化，寒风四起，大雪纷飞。只适合在温暖气候中生活的燕子，毛羽单薄，哪受得了大风雪的袭击？燕子们冷得受不了，赶紧往低洼的山谷飞，但是，低洼的山谷也很冷，燕子们飞得筋疲力尽，又找不到吃的，飞着飞着就掉在地上，再也飞不动了。有的被冻昏，有的被饿昏，也有累死和冻死的。

居住在阿尔卑斯山区的居民见燕子在他们的家乡遇到了难处，不少人冒着严寒出去，把饿昏冻坏的燕子抱回家，给它们取暖，喂它们食吃，就这样，不少濒临死亡的燕子被救了过来。

燕子遇难的事被瑞士政府知道后，政府立即作出决定，动员阿尔卑斯山区的居民紧急行动起来，抢救燕子。于是，居民们翻山越岭，到处寻找受难的燕子。找到一只，就救起一只，再把它们一只只地装在筐里，送到最近的火车站。

就这样，很多燕子得救了，它们被送上了专门送它们去南方过冬的专列火车。哎哟，好多好多的燕子，整整装了一火车！

这就是燕子为什么坐上了专列的故事。通过这件事，我们可以知道，很多国家的人民和政府都非常重视保护动物资源，即使是小小的燕子。

34　猫头鹰汉子放飞猫头鹰

英国有一个人叫布鲁斯·贝里。1987年，贝里在克罗小镇买了一块4.86公顷大的牧场。他买下这块牧场后，既不养马，也不放牧牛羊，而是在这块牧场里孵化猫头鹰。小猫头鹰长大以后，他就把它们放掉，让它们回到大自然中去。

有人对贝里的行动感到迷惑不解，就问贝里为何这样做。

贝里很认真地回答说："猫头鹰是人类的好朋友，它一个夏季能消灭 1000 只糟蹋庄稼的田鼠，对人类的帮助很大，可它们自己的处境却愈来愈危险，到处是化学药物和捕猎者，简直没有生存之地。50 年前，在英国的上空，有繁殖能力的猫头鹰起码有 12500 对，现在只剩下 3000 对。如果现在不积极做点拯救猫头鹰的工作，恐怕猫头鹰迟早会灭绝！而到那时，田鼠恐怕将会泛滥猖獗的。"

"你说得很对，猫头鹰是益鸟，应该保护。"提问的人表示赞同，"可是，你一人这么干，又能起多大作用呢？即使你把猫头鹰一个个放生，还是无济于事，因为它们日后的生存仍成问题！"

我的愿望就是保护猫头鹰

"你说得也很对，"贝里回答说，"我做的事情是微不足道，但是，重要的是，我要唤起公众，提高大家保护动物的意识。"

贝里不顾人们的冷嘲热讽，怀着坚定的信念，一丝不苟地把猫头鹰繁殖工作坚持进行下去。第一年，他将20只猫头鹰放生；第二年，又放生100只。越来越多的人为他的行动所感动，开始理解他，支持他，他们亲切地称他为猫头鹰汉子。于是，猫头鹰汉子的外号日益为更多的人知晓，而贝里的本名反倒被人忘记了。

后来，贝里的行动被政府知道了，政府很赞赏他这种精神，给予了高度评价，并拨了一些经费给他，表示支持他，愿他把猫头鹰繁殖和放生的工作干得更好。

贝里的工作得到了人们的认同和尊重，是因为越来越多的人认识到这是一个保护珍稀动物和保护生态平衡的有益事业，而且人们很清楚，爱护猫头鹰，放飞猫头鹰，实际上就是保护庄稼，多产粮食；保护牧草，多养牛羊。

35　蟾蜍专用隧道

提起蟾蜍，也许有人不知道，但一说它就是"癞蛤蟆"，那就妇孺皆知了。

蟾蜍昼伏夜行，捕食昆虫，是人类的好朋友。它的耳后腺分泌物还可以制中药蟾酥，所以尽管它皮肤粗糙，浑身疙瘩，其貌不扬，但还是得到人类的青睐和保护。

在欧洲大陆和英伦三岛，蟾蜍很多。由于马路那边有一个小湖，春天，蟾蜍要到湖边去产卵，但是，蟾蜍行动迟缓，在过马路时，经常会

被过往的汽车压死。有一次，一辆汽车在行驶时压死了很多蟾蜍，结果车轮打滑，造成了死伤多人的车祸。此事一出，经新闻报道后，竟引起了很多动物保护者的关注。于是在英国，出现了很多帮助蟾蜍过马路的志愿人员，他们中的大部分人是青年。一到下大雨的时候，这些志愿者就披上雨衣，穿上雨靴，打着手电，提着塑料桶，来到蟾蜍经常通过的马路边，帮助蟾蜍越过马路。他们把马路旁有过马路意图的蟾蜍捉住，放在塑料桶里，送到马路的那一边。

这种帮助蟾蜍过马路的活动，开始只是少数青年人搞起来的，后来，自愿参加的人越来越多。据说当时在英国有 400 多条公路上有这类志愿者，总计有 4000 多人。每到阴雨天，总可以在哪一条公路旁看见这些保护蟾蜍的志愿者，他们有的举着标语牌，上写"请帮助一只蟾蜍过马路"，有的干脆把这句话写在自己穿的 T 恤衫上。

过了一段时间，志愿者们觉得老这么护送蟾蜍过马路不是长久之计，必须另想办法，于是就产生了蟾蜍隧道。1987 年，志愿者通过义务劳动，在亨利镇修建了英国第一条蟾蜍专用隧道。隧道是用混凝土建造的，洞高 25 厘米，近地面处设了透气孔，这是为了保持隧道内适当的湿度，你看他们想得多周到！

第一条蟾蜍专用隧道修成以后，效果很好，很快又有人修建了 5 条同样的隧道。现在，这种蟾蜍隧道已在欧洲流行起来。

36　把煮熟的鸽蛋放回鸽巢

德国东南部有一座小城，叫米耳多夫，米耳多夫市里有很多放养的鸽子。但是，有一段时期，米耳多夫市的鸽子越来越多。爱鸽子养鸽子

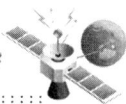

本来是好事，因为鸽子作为一种温顺可爱的鸟儿，可以给喧闹拥挤的城市增添不少情趣，使城市环境更加宜人。但是，好事过了头，也会带来许多麻烦，走向反面。鸽子数量越来越多，不但增加了许多噪音，而且鸽子随意排泄弄得整个米耳多夫市到处是鸽粪，环卫部门清理都清理不过来，市内的环境日渐污浊。可是，对可爱的和平鸽，既不能杀，也不能驱赶，这可怎么办呢？

米耳多夫市市长经过一番调查和研究后，通知环卫部门的人去走访鸽巢，见了鸽蛋就收回来煮熟了再放回去。

办事人一听乐不可支，赶紧去办。不过，他没有把煮熟的鸽蛋放回去，而是美餐一顿。

第二天，市长问他走访鸽巢的情况，这位办事人倒也诚实，如此这般地汇报了一番，末了还说，煮熟的鸽蛋没吃完，还送给了邻居吃。

市长一听，脸沉了下去。

办事人有点着慌，连忙解释说："您让我们把鸽蛋收回，煮熟了再放回鸽窝，我想，鸽蛋煮熟了，永远也不能再孵出小鸽，放回鸽窝和我吃了都是一样的。"

"简直是想当然、乱弹琴。"市长说，"鸽子下蛋是有数的，就好像是一个萝卜一个坑，它见巢内有了空缺，就会继续下蛋。你把煮熟的蛋吃了，不放回巢里去，它就要再下蛋补上，这怎么会一样呢？"

办事人再到走访过的鸽巢去看，果然和市长说的一样，巢里已经新下了补空缺的鸽蛋，办事人不得不佩服市长的学识和智慧。

从此以后，大家都严格按照市长的主意办，把鸽蛋取出煮熟后再放回鸽巢，这也算是控制鸽的生育的一项措施吧！果然，没过多久，鸽子逐渐减少到不影响城市环境卫生的数量，米耳多夫市重新变得干净起来。

保护动物和保持生态平衡是需要科学研究、科学知识和科学办法的。

37　独特的"孤儿院"

在非洲肯尼亚首都内罗毕，有一所独特的"孤儿院"，里面只有一些刚出生不久的小象。原来这是一所幼象孤儿院。

这所幼象孤儿院是肯尼亚野生动物保护协会办的，其目的是为拯救濒临灭绝的非洲象。管理人员对待小象，就像对待托儿所的孩子甚至像对待自己家的孩子那样周到、细心，对它们的关心可以说是无微不至。

这一天，又有一只幼象被送进了孤儿院。这只幼象长着硕大的耳朵，憨头憨脑的，样子十分逗人喜爱，就被称作"小憨憨"。小憨憨只有 5 天大，可恶的偷猎者为了得到价值昂贵的象牙，残忍地杀害了小憨憨的父母。

我们知道，非洲象体形高大，体重有 7000 多千克，就是幼象，也有上千千克。它们都是大肚汉，大象一天要吃 250 千克的青草或树芽，幼象也要吃八九十千克。新来的小憨憨因为太小，吃东西抢不过早来的伙伴们，管理人员怕它挨饿，每天特地要给它喂 10 升牛奶。在野外，大象经常到池塘里滚一身泥巴。原来，象的皮肤灰不溜秋，好像很厚，其实它们很怕晒，所以像一般都是生活在森林茂密的地方，这一方面是好找吃的东西，同时也因为浓密的树荫有利于躲避日晒。在孤儿院里，管理人员每天都要给小憨憨涂上防晒油，以防止它的皮肤被炎炎赤日晒伤。

到了晚上，其他小象都去睡了，惟独小憨憨迟迟不睡。这是怎么回事？原来它是害怕。因为在野外的时候，小象天天跟着父母去觅食，大家成群结伙时，幼象总是在象群的最中间，到晚上睡觉也是如此。现

吃吧，孩子们

在，小憨憨没有了父母，孤儿院的小伙伴也不熟悉，大概它感到没有安全感。于是，一位管理人员就陪着小憨憨，这样，小憨憨才安然入睡。

幼象孤儿院的管理人员就是这样日复一日、年复一年地精心照料小象，等小象长大一些，身体长得棒棒的，可以独立生活的时候，他们就把小象送回大自然中去。因为他们日日夜夜和小象生活在一起，彼此之间建立了深厚的感情，所以当小象重返森林的时候，管理人员都会流泪的，小象们一个个也都表现出恋恋不舍的样子呢！

38　和大猩猩握手的姑娘

我们应该知道，保护自然就是保护人类赖以生存的生物圈，而保护生物圈重要的一环就是保护珍贵的稀有动物。世界上有很多科学家都在做这方面的研究工作，美国的黛安·福茜就是其中的一个。

福茜 1932 年生于美国加利福尼亚。她本来有一份很好的工作，当理疗大夫，薪金优厚，生活舒适。可这位从小就喜欢动物的倔犟姑娘，立志要献身于野生动物的保护事业。

1966 年，福茜只身来到扎伊尔的米基诺山的密林中，专门考察和研究大猩猩。

福茜的考察工作很艰难、很危险。开始，大猩猩见到她，不是逃之夭夭，就是对着她拍胸脯，大吼大叫。丛林中的野象、野猪等也不是好惹的，经常给福茜找麻烦。福茜流了不少眼泪，但她矢志不移，想尽办法接近大猩猩，消除大猩猩的敌意。终于在考察工作的第三年——1970年，福茜和野生大猩猩第一次友善地握手，实现了人类和灵长类动物的彼此沟通。

福茜和大猩猩交上了朋友。她非常喜爱大猩猩，她认为大猩猩并不像它们的外貌那样狰狞可怕。它们并不会无缘无故地伤害人类，尽管有时龇牙咧嘴，追逐考察者，但那完全是出于自卫的需要。

福茜年复一年的考察，逐渐地了解了大猩猩栖息的生活条件、种群的生存繁衍、独有的群体组织和习性。福茜看到大猩猩所以面临灭绝的危险，除了它们赖以生存的森林遭到破坏以外，主要是偷猎者的肆意捕杀。

为了保护大猩猩，福茜经常拆除和破坏偷猎者设置的捕捉大猩猩的机关和陷阱。

福茜保护大猩猩的行动引起了偷猎者的不满和忌恨，他们一次又一次地威胁她、恐吓她，她毫不退让。有一次，偷猎者竟用长矛刺伤了她的助手，但是福茜仍然没有退缩，她深知自己的处境。福茜说："我感到呆在大猩猩身边，要比呆在人的身边更安全。"

福茜在非洲密林中一呆就是 18 年。她发表了很多极有研究价值的论文，成为一位杰出的保护灵长类动物专家。

1986 年元旦前几天，福茜不幸被偷猎者杀害了！这是野生动物保护事业的一大损失。人们在深深地怀念福茜时，也在深深地思索。正如

她和大猩猩做了朋友

一位学者说的："最可怕的不是动物，而是人！"

39 诱捕偷猎者

一天，一个偷猎者偷偷溜到郊外，他把汽车停在山下的公路旁，从后备箱取出猎枪，三步并作两步地钻进树林。他一会儿回头看看，看有没有森林警察跟踪；一会儿东张西望，希望能快一点儿找到他的狩猎目标。

这里是禁猎区，这里的野生动物非常多并受到特别保护。到这里偷猎的不法之徒都是贼大胆，他们几乎无一例外地抱着侥幸心理，心想，树林这么大，警察哪里顾得过来，碰上好运气，打只鹿什么的，如果运气差一点，也能打几只兔子；万一运气不好，偷猎被警察抓住，那就自认倒霉好了，交点罚款，坐几天禁闭。不过这种情况终归只有十分之一二的可能，因此，冒险成功的机会要比失败多得多。这个偷猎者就是抱着这种侥幸心理来禁猎区偷猎的。

偷猎者走着，发现远处出现了一头肥大的梅花鹿。那只鹿好像丝毫未察觉它面临的危险处境，仍在那里摇头摆尾，漫不经心地吃草。

"太好了，"偷猎者高兴得差点叫出声来，"今天赶着了，该我走运！"

只见他小心翼翼地举起猎枪，把枪口对准了鹿。

"不行，距离远了点儿，中间还有树隔着，得靠近点再开枪。"偷猎者这么想着，轻手轻脚地一步步向梅花鹿靠近。

离鹿已经越来越近了，那只梅花鹿仍然毫无觉察，还在那里低头吃草。偷猎者激动得心脏狂跳不已，但这并不影响他握着枪向鹿瞄准。

枪响了。

罪恶的子弹击中了梅花鹿，但那只鹿并没有应声而倒，仍在那里吃草。

偷猎正要射出第二颗子弹，他的身后响起了警察的声音：

"不准动，你被捕了！"

原来，那只鹿不是真鹿，是一只机器鹿。这是美国野生动物保护部门专门研制的一只遥控机器鹿，它神态逼真，会摇头摆尾，稍远一点看，足以达到以假乱真的程度。只要偷猎者向它开枪，埋伏在附近的警察就会突然出现，将偷猎者抓获。自从把这只机器鹿放在森林里以后，屡建奇功，已经诱捕了100多名偷猎者了。这个保护野生动物、诱捕偷猎者的办法多好呀！

40 看谁敢乱扔垃圾

在美国得克萨斯州维利逊郡，经常有人偷偷地把垃圾袋带到马路上，瞧瞧左右无人，赶忙随手往地上一丢，逃之夭夭，环境保护部门拿这种人也没办法。

郡长密尔威克知道这个情况后，经过一番考虑，把环保局长找来，面授机宜，说只消如此如此便可，看他们还敢不敢乱丢垃圾袋。

环保局长带领工作人员来到马路上，很快就发现一只偷偷扔在马路上的垃圾袋。局长亲自打开垃圾袋，仔细翻看。工作人员很纳闷，垃圾有什么好看的，还不是又脏又臭。局长却细心地翻看着每一片纸头，看着看着，紧皱的眉头舒展了："就照着这个地址给他打电话！"

电话挂通了，局长亲自通知这些乱丢垃圾的人来环保局把垃圾袋拿回去。

就这样，按照郡长的办法，找到了好几个在大街上偷扔垃圾袋的人，他们接到环保局打来的电话后，一个个红着脸把自己扔的垃圾袋提了回去，并保证不再乱扔垃圾袋。

可是，也有人很不自觉，第一次偷扔垃圾袋被抓住后，不但不思悔改，而且还想戏弄环保局的人，以图报复。他们这次学精了，垃圾袋里不留任何蛛丝马迹，为的是不让环保局的人找到他们的住址。

环保局的人也不是吃闲饭的，他们多费一点周折，还是有办法找到那些偷扔垃圾袋的家伙。

于是，环保局长又去找郡长讨教对付这些人的办法。

"好办，"郡长密尔威克略一沉吟，"把垃圾袋给他邮回去！"

把你扔的垃圾拿回去

"可是,"环保局长有些犹豫,"垃圾袋里尽是腐烂霉变的东西,恐怕邮局不会给邮寄。"

"把那些东西拣出去再邮嘛!"

"可是去掉这些东西就没有多少垃圾了啦。"

"加一块砖头邮给他,"郡长有点幽默地说,"这样可以请他多付一些邮资!"

"这办法好是好,"环保局长又有些担心,"如果这些家伙到法院去告我们呢?那就麻烦了。"

"照我说的办,"郡长挥挥手,"我看他们也不敢起诉的。"

环保局照郡长的办法办了几次,装上砖头的垃圾邮袋都被乱扔垃圾袋的人出资取走了,果然没有一个人敢声张,更不要说起诉了。从此,

乱扔垃圾袋的事被杜绝了。

看来，这个办法也不失为一个根治城市环境污染的高招。

41　特殊队长泰克斯

在美国新泽西州泽西市有一个扫除有害垃圾特殊队，队长叫泰克斯。泰克斯任职8年，共抓住537个"坏蛋"，平均每年有67个。这些坏蛋，都是偷偷地制造污染的人或工厂。泰克斯每次抓住这些做坏事的家伙时，总是人赃俱获，被抓者想赖都赖不掉，到了法庭上，总是泰克斯胜诉。

泰克斯为保护环境，抓获这些污染城市的坏蛋，真可谓不畏艰辛，尽职尽责。

在一个不允许倒垃圾的地方，经常有人来偷倒垃圾。这些不法之徒总是抱着侥幸心理，借着夜幕或恶劣天气的掩护，来这里随便倾倒垃圾。这一天，又有一个人开着卡车，拉着一车垃圾来了。只见他跳下车，前后左右瞅瞅，确信没有人会抓他，这才放心大胆地往下倾倒垃圾。刚倒了不到一半，突然从地上的垃圾堆里蹿出一个人来，他端着手枪，一跃而起，大声喝道："不许动，你被捕了！"

偷倒垃圾者逃避不及，只好举起双手，连人带车成了俘虏。

这位从垃圾堆里跳出来的人，就是泰克斯。只见他头戴面罩，装着呼吸过滤器；身穿防化服，好不威风。原来，他靠这身武装，把自己埋在有害垃圾中，已静静地等了6个小时。这可真不容易啊！结果呢，那个偷倒垃圾者被依法处以5000美元的罚款。

还有一次，泰克斯专门去一家偷排污染废水的工厂取证。泰克斯早

就怀疑这家工厂偷偷地不断向下水道中排放含过量砷的废水，但一直没有抓住把柄。砷是一种对水质有严重污染的化学元素，三氧化二砷是剧毒物质，俗称砒霜。为了取得工厂偷排含砷废水的罪证，泰克斯就钻进下水道，蹲在工厂排水口附近，等工厂排水时好取得排水样品。工厂好像感觉到了有什么异样似的，很长时间都没有把水排出来。泰克斯并不急躁，仍蹲在低矮的下水道里，耐心地等待着，一直等了8个小时，工厂才开始排水。泰克斯一看废水排出来了，好不高兴，这时他早已忘记了8个小时等待的饥饿和疲劳，立即拿出取样瓶，采集了一瓶污水样品。拿回去以后，经过分析化验，证实了这家工厂确实偷排含砷废水的事实，这家工厂也被罚款5000美元。

就是这样，泰克斯和他的下属抓获了一个又一个污染环境的坏蛋，为环境保护事业尽心尽力。

42 双方都失算一筹

1963年，美国纽约州腊芙运河废河道正式由某化学公司廉价卖给了政府，当时双方都认为捡了一个便宜。

因为，作为卖方的这家化学公司一直把腊芙运河废河道作为自己的废料倾倒场，30多年来，公司向废河道里倾倒了数不清的化工废料。开始，是有什么倒什么，不管是固体、污泥，也不管是粉末还是渣滓。后来发现这样乱扔乱倒不行，因为这些化学废料暴露在外面，一遇下大雨的日子，含有有毒化学物质的污水到处扩散，污染了很多地方；在风和日丽的日子里，还会有各种怪味随风飘荡，搞得过往行人都视运河废道为畏途，谁也不愿从这里路过。于是，公司又想了一个办法，那就是

把化工废料装在一个个大桶里，再埋入河道。就这样，河道渐渐被填满了，再往里倾倒废料，河道就得凸起来。于是这家化学公司把河道填平，又把它作为土地廉价卖给了当地政府。

而作为买方的地方政府，廉价买了这么一大块土地，认为不管建什么都有利可图。于是在这块土地上修建了900栋住宅楼，还建了一座学校，使这里成了一个漂亮的住宅小区。

建在化工废料基础上的大楼，后患无穷

又过去了 25 年。1988 年的夏天，一场倾盆大雨降临到腊芙运河废河道上。一些锈蚀不堪、千疮百孔的废料圆桶，被暴雨冲刷出了地面，因为圆桶已被腐蚀，里边的化学毒气不可遏止地泄露出来。900 栋住宅楼中，有 200 栋有毒气侵入，周围的空气被严重污染。不久，居民中白血球增加的人数越来越多，孕妇流产率大增，还出现了许多缺胳膊少腿的畸形婴儿。终于，学校被迫关闭，居民们纷纷迁走。

居民们联合起来告到法院，自然，最后调查的结果，这家化学公司和地方政府都被传到法庭，坐在被告席上等待最后的审判，承担他们逃避不了的罪责。

想当初，化学公司和地方政府都以为是得了便宜，现在双方都将为此付出代价，可算得双方都失算一筹。而受害者的损失，则将是金钱无法补偿的。

对环境将造成严重污染的化工废料的处理，必须采取科学的、有效的、负责的态度去处理才会安全，否则将后患无穷。这是人们都应记取的教训。

43　无公害旅行竞赛

1988 年，香港举行了一次无公害旅行竞赛。竞赛是小有名气的环境组织长春社组织的。

这一天，风和日丽，气温宜人。自愿报名参赛的 200 多名市民早早来到郊区公园。大家从高楼林立、交通拥挤、空间狭小的市区来到郊区，顿时满眼青绿，心胸为之开阔。但是，参赛者也不无遗憾地看到，在公园草地上空瓶子、碎骨头、废纸片和塑料袋等废弃物比比皆是，很

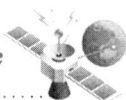

野餐中争取当无污染冠军

是煞风景。

组织者把大家分成几个组，先开始搞环保知识问答，记下各组的成绩后再开始清理公园中的垃圾和游人们丢下的废弃物，每个组还栽上了几棵耳果相思树。

接着进行的竞赛项目是吃饭。只见竞赛组织者叫大家把带来的野餐食品都拿出来。先比盛食品的器皿，如果器皿是可以重复使用的，那就加分；如果是不能重复使用的，那就不加分。这条比赛规则一出，那些拿着不锈钢或铝饭盒的参赛者乐得咧开了嘴，那些拿着一次性纸饭盒的人皱起了眉头。

接下来比食品，谁带的食品营养价值高，化学添加剂和着色剂少的，便得分；反之那些带了罐头食品的，大都拿不到分。

比过食品，组织者对大家说："现在大家可以进餐了。"不少人以为比赛已完，没想到人们刚刚吃完，评比人员就来检查各组丢在垃圾桶里的废物，逐项扣分。垃圾桶里有电池、泡沫塑料器皿的，扣分最多；其

71

次是塑料瓶、塑料袋、罐头盒、纸制品。如果哪个组垃圾桶里废弃物过多，也扣分。这时，很多人说："早知如此打分，我才不往垃圾桶里扔电池呢！"可是，这时为时已晚，评比结果已经出来，无污染冠军已被别人拿走，只得拍着手向冠军组祝贺。

竞赛结束了，得奖的高兴，没得奖的也很高兴，不少人说："下次再来，我一定夺冠。"组织者对大家说："夺冠并不是最重要的，重要的是提高环保意识。我们的竞赛是想让大家认识到，瓶瓶罐罐，当思来之不易；电池塑胶应念处理艰难。"众人无不拍手称是，都认为增长了很多环保知识，今后不光自己注意，还要提醒别人关心和爱护环境。

44　用垃圾换食品

20世纪70年代，巴西推行大发展计划，很多城市一般都是大兴土木，修建高楼大厦和停车场，大量购买汽车，甚至把一些公园和市民们的公共休息娱乐设施都占掉。结果很多城市经济没有搞上去，环境却日益恶化。在巴西南部有个库里蒂巴市，市长叫莱内尔。莱内尔和别的市长不同，他下大力气修建公园，首创自行车道，大力提倡骑自行车或坐公共汽车，并在库里蒂巴市的主要街道两旁大量种植树木，改成林荫大道，作为人行道。结果，林荫大道边的商店买卖兴隆，财源茂盛；由于城市75%的居民都坐公共汽车或骑自行车，私人小汽车减少了20%，汽车排出的废气污染也大大减轻。

为了改变库里蒂巴市的环境面貌，莱内尔还有一大创举。在他当市长前，库里蒂巴市又穷又脏又乱，尤其是贫民区，垃圾遍地，老鼠满街

跑。和很多巴西人一样，库里蒂巴市人从未听说过什么垃圾回收利用，也没有保护环境意识和环境公德，有的人还干脆把垃圾丢在邻居的院子里。莱内尔制定了一项空前的政策，让49个平民区的居民把垃圾分类收集起来，装入塑料袋，凭着每袋垃圾，就能换来吃的、用的物品，甚

送来垃圾，可换食品

至可换回乘公共汽车的车票。垃圾一下子变成了值钱的东西。谁还舍得把它随意丢弃？这样，全市80％的人都参加了这项活动。至于市政垃圾车，每个星期都能收集到600多吨垃圾。这些垃圾也不是无用之物，它们被送进各种垃圾回收站，塑料类变成了原料，有机物改造成肥料……最使人们深感意外的是，莱内尔举办了一次玩具展览会，人们一参观才知道，这里的各种精巧玩具原来是用废品制作的，不禁大开眼界。莱内尔还让有关部门把破旧的公共汽车改装成流动教室，开往市郊的平民区，教平民们学习美发、打字、机修等实用技术和一些科学知识，提高他们的文化素养和环保意识。

莱内尔受到市民们的拥护，他连任了3届库里蒂巴市市长，库里蒂巴市的面貌也焕然一新，成为巴西环境最优美和干净的城市。

45　垃圾建海岛

　　现代化的城市建设日新月异，到处都可以看到正在新建楼房，于是一个新的环境问题又出现了：那些建筑垃圾——也就是拆下来的旧砖、废瓦、钢筋、混凝土等，怎么处理呢？因为其中一些建筑垃圾既不能做可燃垃圾，烧掉它利用其能源，也不能分门别类回收，以便再生利用，也不能像生活垃圾那样，做成有机腐殖质肥料。怎么办呢？在日本，有人针对建筑垃圾策划出了一个既实用又浪漫的处理方案。

　　方案名叫垃圾填海造岛计划，是由日本土木学会提出的。这个浪漫的计划是：将建筑垃圾运到东京湾内侧中央的海域里去，在水深约20米的地方，选出60平方千米的范围，用建筑垃圾建造7座环形小岛，1座在当中。小岛上不建造别墅，而是垒成小山，小山上种松树，还要在山下的浅海中建造可供鱼、贝等生活、繁殖的场所；岛岸建成海滩、沙岸，平时可供人们来此旅游、休息。

　　设想是很美好的，不但解决了建筑垃圾的困扰，也有利于改善环境，有利于为海洋中的鱼、贝等提供一个良好的生态环境。可是造7座这样的小岛，需要多少建筑垃圾呢？据计算，约需20亿立方米。东京市每年的建筑垃圾、疏浚河道挖出来的沙土、都市垃圾、下水道污泥等，有约3500万立方米可用来填海造岛。这样大约需要60年的时间，才能造成7座小岛。

　　有人问：这么庞大的工程，经费从哪儿来呢？回答是：建造这样一套人工岛，计划开支约3.6兆日元，数字虽然庞大，但按照每年处理垃圾废物的开支来衡量，也相差不多，因此也还是可行的。

但也不是一切都没问题了，因为这样向海里填垃圾的做法，是否和有关环境法相违背；在海中建造这样一系列岛山，是否会影响海流以及一些技术问题如何解决，等等，都还需进一步研究。

不过这个方案如果最后能够实现，倒是一个大规模的、现代化的、有长远意义的治理环境的措施。

46　烂污泥并非无用之物

20世纪60年代，工业先进的国家，已经深深地认识到，治理废水、污水，即是保护环境，因此科学家都在研究和探讨这个问题。德国有位名叫于尔根·曼采的经理也对废污水的治理产生了兴趣。他查阅了很多废水处理的报告，自己也做了一番调查研究，几经思考比较后，曼采不禁拍案而起激动地说："废污水处理，还应再辟新路。"有人问他为何如此，曼采说："现在许多处理废污水的办法都如出一辙，让废污水经过净化池，经过自然净化分解，变成无害后，再回归自然，重新流入江河。但是，废污水在净化过程中会沉淀下来大量的污泥，这些污泥怎么办呢？必须给这些污泥找到出路，否则不能根本解决环境污染问题。而且，污泥未见得就一定是无用之物。"

于是曼采开始了试验研究。他从净化污水池中捞出沉淀的污泥，一看，虽说是沉淀之物，但里面含的水分却不少，必须先脱尽污泥中的水分，才能进一步化验分析考虑它的用途。但怎样才能将污泥中的水脱尽呢？

一天，曼采看到妻子从洗衣机甩干桶里取出洗净甩干的衣物，顿受启发。

曼采想，污泥也可以用甩干的办法脱去水分，他立刻进行给污泥甩

干脱水的试验，效果十分明显。甩干后的污泥，体积大约只有原来的4％，而所含的水分已不到10％，它们已经变得和干泥差不多了。

曼采很满意，因为经过甩干的污泥不需要再经过烘烤或晾晒的方法就可直接利用，这样可以避免在烤或晾晒的过程中，使一些有害物质或难闻的气味逸散到空气中去再形成污染，这样更符合保持环境洁净的要求。

曼采对甩干后的污泥加以化验分析后发现，有的污泥中含有可燃物质，可作为发电厂或锅炉车间的燃料；有的污泥中含有丰富的有机质，可作为营养丰富的有机肥料。

后来曼采成立了一个污水处理公司，专门处理污泥。将甩干后的污泥像做空心面条那样，压入类似制造空心面条的机器中，制成空心泥条，这种泥条，无论是用来做燃料还是做肥料，使用都非常方便。

没想到一般认为绝对不可能再有什么用处的污泥，也变废为宝了。现在，曼采的污水处理公司出售的燃料和有机肥料，很受社会的欢迎。但更受到环保专家的欢迎。要知道，曼采的公司实际上是在解决环境污染方面开辟了一个新的领域。

47 马斯河谷的阴霾
——世界八大公害事件之一

1930年12月1日，在比利时马斯河谷，浓重的大雾充满了整个工厂区和生活区。不过这里的人们已经习惯了这种令人讨厌的天气，尽管这次雾更浓，烟气更重，但也没有谁预感到会发生什么灾难。

马斯河谷是一个新兴工业区，这里集中了炼焦、炼钢、炼锌、发

电、化肥、硫酸等许多重型工厂。这些工厂在长达24千米的河谷中蜿蜒排列，到处烟囱林立，烟雾弥漫。而且，只要天气稍有反常，就容易出现地面气温低，上空气温高的逆温层，这时，烟气、雾气一点也扩散不出去，总在近地面的空中转悠，人们有时被呛得打喷嚏、流眼泪，也习以为常，谁也没办法，只能忍着、等着，盼望烟雾早点散开。

可是，这一次，烟雾好像故意作祟似的，已经过了两天，还是迟迟不见散开。

第三天，各大小医院人满为患，前来就诊的大多是心脏病和肺病患者，他们咳嗽、胸痛、呼吸困难。

医生也没什么特别的办法，只好劝慰患者等天晴了，雾散了，病也就好了。

没想到，这场大雾一连将马斯河谷严严实实地笼罩了6天。更多的人住进了医院，有60多人不幸死亡；同时，还有很多家畜也死了。

患者的家属们纷纷要求调查这次事件。专家们做了认真调查，造成这次事件的原因就是工厂排的烟气，其中二氧化硫的浓度达到每立方米25毫克~100毫克，污染物质中还有氧化氮和含有重金属氧化物的粉尘。经过对死者尸体的解剖，证明是这些有毒的气体和粉尘损害了他们的呼吸道内壁，从而造成死亡。人们诅咒、埋怨这些工厂、烟雾和可恶的天气。把这么多排放有害气体的工厂建在一个狭长的河谷里，污染物当然难以扩散，肯定会发生公害事件。

这就是世界八大公害事件之一的马斯河谷事件。

近年来，虽然严重的公害事件很少发生，但环境污染引起的潜在危害尚难以估量。

48 洛杉矶的浅蓝色烟雾

——世界八大公害事件之二

美国西海岸海滨城市洛杉矶，依山临海，风景优美。这里还是美国重要的飞机制造业和军事工业中心，城市也在不断扩大。

1946年秋天，洛杉矶持续高温。高温，人们倒可以忍受，叫人难以忍受的是，这些天来，天空中总是弥漫着浅蓝色的烟雾，尤其是到了中午，人来到室外，就会被这种浅蓝色烟雾刺激得眼睛流泪，鼻流清涕，患有气管炎的人更是受不了。公众们无法忍受烟雾的刺激，纷纷写信和示威，向市政当局提出抗议。

市政当局也没什么办法驱除烟雾，因为洛杉矶人口多、汽车多。全市250万辆汽车，每天要消耗1600万升汽油，每天汽车废气要排出约1000吨碳氢化合物，433吨氮氧化物，4200吨一氧化碳，而且洛杉矶三面环山，一面临海，浅蓝色烟雾很容易形成。

1954年夏季，洛杉矶又出现了浅蓝色烟雾。人们在饱受刺激眼鼻的痛苦之余，不禁发出了这样的哀叹："谁能来帮助我们呢？"

1955年8月末到9月初，浅蓝色烟雾再次光顾洛杉矶。这一次，情况就不一样了，烟雾来势好像特别凶，患病住院的人特别多，尤其是年老体弱的人更是忍受不了。

当时，一般人认为，浅蓝色烟雾是汽车尾气形成的，只要严格限制汽车的行驶就可以减轻烟雾的危害。实际上，事情远没有这么简单。这种浅蓝色烟雾的形成还与日光有很大关系。由于烟雾中的有害化合物都是日光作用下产生的，所以称光化学烟雾。洛杉矶处于50千米长的盆

令人难以忍受的光化学烟雾

地中，5～10月阳光强烈，气温高达38℃，汽车排出的废气在日光作用下，极易形成以臭氧为主的光化学烟雾。

这就是世界八大公害事件之二的洛杉矶光化学烟雾事件。

50年代以来，光化学烟雾事件在美国其他城市和世界各地也相继出现，如日本、加拿大、意大利、澳大利亚等国的一些大城市都发生过。1974年，中国的兰州化工区也出现过光化学烟雾。但因为光化学烟雾最早出现在洛杉矶，所以又称洛杉矶型烟雾。

60年代后，由于采取了治理措施，如改善汽车排气系统和提高汽油质量等，光化学烟雾的危害减轻了一些，但是，汽车并不是惟一造成光化学烟雾的污染源，所有的燃烧过程也都能产生污染物。所以，各国学者还都在探讨解决这种光化学烟雾的办法。

49 烟雾袭击多诺拉

——世界八大公害事件之三

多诺拉镇位于美国宾夕法尼亚州，它地处孟农加希拉河一个马蹄形河谷中，两岸百米以上的高山耸立，盆地中央大型炼铁厂、炼锌厂和硫酸厂鳞次栉比，14000多人居住在这里，平常虽不免受到烟熏雾罩，但还未发现受到明显的损害。

1948年10月26日，天色阴沉无风，气温寒冷，从工厂烟囱里排出的烟气混合到大雾里，形成烟雾，烟雾紧紧地罩住了这个万人小镇。

第二天，烟雾仍然没有散去。

第三天，悬浮在半空中的烟雾愈来愈浓，而且像凝固了似的，纹丝不动。这一天下午，能见度因雾重而大为减小，整个城镇除了烟囱以外，甚至连工厂也看不见了。由于二氧化硫的刺激性臭味使空气恶化，人们普遍感到口中变了味。到处都能闻到二氧化硫的臭味，但还没有引起人们的警觉，对于这种燃煤和熔炼矿石带来的污染结果，当地人早已司空见惯，习以为常，只是越来越多的人明显地感到身体不适。

大雾持续了5天，多诺拉镇居民吃不消了，很多人纷纷病倒，轻的眼痛、喉痛、头痛、干咳、流鼻涕，稍重一点的咳痰、胸闷、呕吐、腹泻，重的就喘不上气来，甚至心肺衰竭，全市有43%的人发病，人数达5911人，死亡17人。

这次烟雾事件是因为多诺拉镇处于河谷中，由于当时受反气旋和逆温控制，加上连续5天持续有雾，使工厂排出的废气污染物不能散出去，在近地层积累越来越多，二氧化硫等有害物质与大气中尘粒结合形

成有害物，造成 5000 多人发病。

多诺拉镇烟雾直到 10 月 31 日才散去。这是世界八大公害事件之三的多诺拉事件，属于大气污染公害事件。

50   伦敦烟雾难挡
——世界八大公害事件之四

1952 年 12 月 5 日，英国首都伦敦将举行一次获奖牛展览。这一天获奖牛的主人们穿着黑色燕尾服，个个兴高采烈，赶着自己的获奖牛向展览场所行进。突然，有一头牛停下了脚步，它大口喘气，伸长舌头，嘴里流出了很长的涎水。

"这是怎么啦？"不知是谁发现了这一情况。

没等人回答，这头牛就像散了架似的跌倒在地。

众人都惊呆了。

人们很快发现，有好几头牛都呼吸急促，口吐白沫，不肯再往前走。

先前那头跌倒的牛涎水流了一地，露出痛苦万状的神情，挣扎了一会儿，四腿一伸就死了。

正当人们在议论牛是怎么回事的时候，很多人咳嗽起来，有的人感到喉痛，有的人感到胸闷，还有的人呕吐不止。

"不好，"不知是谁高叫起来，"今天的烟雾特重！"果然，伦敦不仅为浓雾覆盖，而且雾中还有呛人的气味。

伦敦地处泰晤士河谷，这里经常出现大雾，而且雾一旦产生，很不容易散开，因此有雾都之称。伦敦烧煤多煤烟重，所以伦敦雾中经常夹

这牛不能去领奖了

带着浓厚的煤烟。在历史上，英国伦敦曾多次发生由煤烟引起的大气污染的烟雾事件。1873年12月的一次大烟雾，就死了268人。虽然英国对烧煤有一些限制，如规定在国会开会期间不准用煤，但是英国并未对防止烟雾污染采取更有力的措施，而且由于这种含有大量硫化物的烟雾经常出现在伦敦，又被称为伦敦型烟雾。

这一次伦敦型烟雾从12月5日开始一直持续到12月8日。由于烟雾中尘粒浓度达到每立方米4.5毫克，为平时的10倍；二氧化硫的含量为平时的6倍，烟雾已经变成了酸雾。人已经能明显地闻到空气中那刺鼻的臭味，甚至人们感到空气是黏糊糊的，很多人连家门都不敢出。许多市民呼吸困难，生病住院，流感、支气管炎、肺结核、心脏衰弱患者突然增多，老人和儿童患病的更多。由于雾重烟浓，能见度小，大白天行车都得开灯，交通事故也屡屡发生。

人们当然无心再关心获奖牛的命运，有12头牛因病得太重，不得不送屠宰场处理。据后来统计，就在5日至8日这4天当中，死亡人数比往年同期约多了4000人。老人死亡得最多，约为平时3倍；其他婴幼儿死亡的，约为平时2倍；因烟雾而患各种病而死亡的均成倍增加。

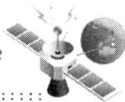

这就是震惊世界的八大公害事件之四的伦敦烟雾事件。

12月8日以后，烟雾才逐渐减轻，然而，死亡的幽灵并没有马上离开伦敦。在那次烟雾事件发生后的两个月当中，又有8000多人陆续死去。

据调查，英国伦敦从1873年～1962年共发生过6次重大的烟雾公害事件，每次都造成成千上万的人发病，甚至死亡。直至1965年以后，伦敦由于采取了排烟脱硫等治理措施，才没再出现烟雾杀人的事件。

51 神通川的痛痛病

——世界八大公害事件之五

1955年，在日本富山县医院里。

一位病人入院已经有几个月了，初期腰、背、膝关节疼痛，随后全身骨骼没有一个地方不痛的，医生们一次又一次会诊，没有一个人能说出这是什么病，因为他们谁也没见过这种病，查遍世界各国的医书，也找不到关于这种病的记载，因为病人老喊"痛"，就叫做"痛痛病"。医生们试着用了一些止痛药，可那只是隔靴搔痒，无济于事。病人痛得无法行动，甚至连呼吸都困难，只得乱喊乱叫。医生们束手无策。

这个衰弱的病人终于到了不能动、不能呼吸、不能进食的地步，人整个成了软塌塌的一团，很快就没有了脉息。

奇怪的是，在同一时期里，患痛痛病的人很多，由于找不到治疗办法，一些病痛者相继死去。

医院医生和研究人员解剖了患者的尸体，进行了一系列检查、化验。解剖后发现，病人喊痛，不能行动和站立，是因为骨头多处断裂，

病人的骨骼中含镉

有个病人骨折竟达 70 多处。患者身长都缩短了 20~30 厘米，有些未断裂的骨骼也已严重弯曲变形。化验后他们才知道，死者的骨骼中含有过量的镉，而过量的镉在人体内不易排出，造成肾损害，进而妨碍钙、磷等在骨质中贮存，最后导致骨骼疏松易折。

镉是怎样进入患者身体的？很快查明，镉来自粮食。

粮食中为什么会有那么多的镉呢？进一步的调查后发现，富山县神通川上游有一个炼锌厂。炼锌厂排出的废水里含有大量的镉，含镉废水全部排入了神通川河，两岸居民不但长期饮用受镉污染的神通川河水，并且用河水灌溉农田，所以，稻谷中就含有过量的镉。

后来的调查还告诉人们，自 1913 年建立了炼锌厂，到 1931 年出现

首例病人，说明痛痛病潜伏期已长达 10～30 年。从大量发病的 1955 年，到查明原因的 1968 年，受害者不计其数，患病的有几百人，死亡的有 128 人。炼锌厂的废水被迫停止排放后，发病人数仍在增加，10 年后又有 79 人死于痛痛病。可见环境一旦被污染，要消除它的后患，真不是短时期内可以见效的。

这就是世界八大公害事件之五的痛痛病事件。

52 四日市的哮喘

——世界八大公害事件之六

1964 年 1 月 25 日，一位 59 岁的男性渔民来到日本三重县立大学医学部就诊，吉田克己教授亲自为他诊治。

"怎么不好？"教授问。

"哮喘，很厉害，"病人说着喘起来，"出不来气。"

"呵，又是哮喘，"教授在病历上记下点什么，"多久啦？"

"两年了。"

教授摇了摇头，摊开了双手。

对于这种哮喘病人，教授见得多了。从 1961 年开始，四日市这个有着 300 万人口的城市，患哮喘的人越来越多了。人们知道，这种病和四日市严重的空气污染有关，但究竟是哪种污染物引起的，科学家们一时也无法说清楚，所以治疗起来也不好用药，只能试探着来。

教授又问："抽烟吗？"

"抽得不多，一天才一盒半。"

教授正色道："太多了，要尽量减少，最好不抽。这样吧，给你打

一针，观察观察。"

针打了，这位渔民的哮喘仍无减轻。教授只得收他住院。

他住在医院里，不敢再像过去那样凶地抽烟，实在忍不住才吸上一支，每天总共也就五六支。医生让他按时服用抗生素，有时也服用支气管扩张剂，症状很快就减轻了。

几日的住院治疗使他的病基本痊愈。这一天，他出了院，高高兴兴地回到了四日市矶津区的家。但是，当天夜里他又猛烈地咳嗽起来，连呼吸都困难。他又住进了医院。

后来，科学家们终于找到了规律，发病的人多住在四日市的石油联合工业区，在发病的时候，服上一点支气管扩张剂，能很快缓解；如果病人离开四日市石油工业区，病情立即减轻，甚至不治自愈；如果回到原来的地方，马上又犯病。于是人们给这种病起了个名字，叫四日市哮喘。

这就是世界八大公害事件之六的四日市哮喘事件。

小小的哮喘病也真能折腾人。四日市患病的多是 50 岁以上的人，在这个年龄段，有 8% 的人患病，不少人因受不了那份痛苦的折磨而自杀。至 1972 年，四日市患病的有 800 多人，死亡的有十几人。在日本的其他城市，患四日市哮喘病的也不少，1972 年统计有 6376 人。

四日市哮喘事件的病因后来也查清了。因为四日市是石油工业区，全市工厂粉尘、二氧化硫每天排放量达 400 多吨，二氧化硫浓度超出标准 5 倍多，烟雾中飘浮的多种有毒气体和有毒金属粉尘，与二氧化硫形成硫酸烟雾，严重污染城市空气，成为哮喘病的病源，也就成为了公害。

53 米糠油事件后果严重
——世界八大公害事件之七

1968 年 3 月，在日本的九州、四国等地，几十万只鸡在短时间内突然死亡。经化验，死因是饲料中有一种污染物——多氯联苯。当人们还没有搞清楚是怎么回事的时候，在北九州、爱知县等地有许多人同时患上了一种怪病。患病者起初是眼皮发肿，手心出汗，全身起皮疹疙瘩，以后又感觉全身倦怠，皮肤变黑，严重的患病者肝脏萎缩、四肢麻木、胃肠道功能紊乱等。过了几个月，患者越来越多，超过了 5000 人，其中 16 人死亡。轻度患者达 13000 人。

经过调查了解，发现患病者是因为吃了同一家公司生产的米糠油。为什么吃了多少年的米糠油都安然无事，现在吃了就生这种怪病呢？人们找到这家生产米糠油的公司进行调查，原来这家公司在生产米糠油时为了省钱，在脱臭工序中使用了多氯联苯作热载体，由于机械泄漏，多氯联苯混到了米糠油中，患者就是吃了这种有多氯联苯的米糠油而发病的。

这就是八大公害事件之七的米糠油事件。

多氯联苯是一种人工合成有机物，因为具有良好的电绝缘性和耐热性，所以可做绝缘油、热载体、特殊润滑剂、增塑剂、涂料添加剂等。但是，多氯联苯极难分解，几乎不溶于水，只溶于脂肪和有机溶剂，因而一旦进入人体就很难代谢出去，对人体健康危害极大。

由于全世界工业生产曾大量使用多氯联苯，而它对环境的污染则是在 1966 年才被证实的。多氯联苯污染大气、水、土壤后，通过食物链

什么都不怕的多氯联苯

的传递，广泛存在于植物和动物体内，因此，污染的程度远远地超出预料。1973 年以后，很多国家已禁止生产和使用多氯联苯，不过，据说要想消灭已经流失在环境中的多氯联苯，需要 80～100 年，因为它不怕风吹，不怕水淹，也不怕火烧。

科学家正在研究对多氯联苯废弃物的有效处理办法。

54　水俣湾的"狂猫病"

——世界八大公害事件之八

在日本九州熊本县海边，有一个小镇，叫水俣镇。1953 年，一位 7

岁的小女孩患了一种怪病，起初是口齿不清，步态不稳，后来麻痹抽筋，完全不能行动。医生们怎么也治不好这种怪病，连生病的原因也弄不清。惟一的线索是，3年前这个镇上曾出现过不少狂猫，症状也是行走不稳，老兜圈，有时麻痹抽筋，就像在跳独脚舞，它们痛苦万状，有的竟跳海自杀，由于这些原因，医生们就把这种病叫做"狂猫病"。

随着狂猫病患者的增多和死亡人数的增加，熊本大学的科研人员加紧了对狂猫病病因的调查。他们注意到，猫、人同病，是不是与吃鱼有关。经过分析，证实狂猫病果然是吃鱼引起的。进一步的调查、化验发现，水俣湾里的鱼身体里含有大量的能使动物和人中毒的甲基汞。

这么大量的甲基汞是怎么进入猫和人体的呢？调查发现，在水俣湾附近有一家生产氮肥的工厂，从它那里排出大量的含甲基汞的废水，污染了水俣湾，使生活在这一带海水中的鱼中毒。而人和猫吃了这种沉积了大量甲基汞有毒物质的鱼，就得了那种狂躁不安的怪病。到1974年，患者已达780多人，死亡200多人。

这就是世界八大公害事件之八的水俣病事件。

工厂排出的废水污染了海湾

日本政府怕水俣病继续蔓延，下令当地不准吃鱼，不准捕鱼。可是，不准捕鱼，渔民们何以为生？不让他们吃鱼，又让他们吃什么？政府和有关方面研究来研究去，最后认为，只有彻底治理才行。可是彻底治理说起来简单，做起来就不那么容易了。这家氮肥厂从1945年建厂，到1968年关闭，23年的时间里，工厂向水俣湾排放了大约200吨的甲基汞，污染了100万平方米的水域。沉积在水底淤泥里的甲基汞不断向水体、浮游生物、鱼类渗透，如果不把这些淤泥挖掉，几十年都无法根除甲基汞的污染。于是政府决定投资7000万美元，从别处挖来干净的污泥来覆盖已被严重污染的淤泥，还要把被污染的活鱼全部捕尽，进行特殊处理。这一工程，据说至少要数十年才能完成。

在这次水俣病污染事件中，最可怜的是那些无辜的受害者。甲基汞中毒，尤其对胎儿或幼儿的损害最大，患者明显的症状是智力低下、发育不良和四肢变形、运动失调等，而且到现在还没有有效的治疗方法。

55　鼠鱼奇案

1982年10月的一天，在河南省漯河市的一个农贸市场。两个市民手提鲶鱼，来到工商管理所，一进门，便气愤地说："请你们看看，这闹的是什么事呀？"

管理所的工作人员问："缺斤少两啦？"

"缺斤少两倒也罢了，你看看这是什么？"其中的一位说着，当场开了鱼肚，在鱼肚子里竟有一只死老鼠。

"谁卖的，能找到那小贩吗？"

"是四个农民。"

到市场上一看，正好有几个顾客都来找这四个卖鱼的农民，原来他们卖的30多千克鲶鱼的肚子里，差不多都有死老鼠。

"你们也太缺德了，为了多挣钱，竟往鱼肚子里塞死老鼠。"

"我们哪能往鱼肚里塞死老鼠呢。这鱼是从河里打的！"卖鱼的农民们辩解说。

"这死老鼠说不定还是老鼠药毒死的呢！"又一名顾客说。

工商所的人提着死老鼠找到卫生防疫站，一化验，可了不得了，老鼠果然是被药死的，而且是氟化物中毒。

四个卖鱼的农民被公安局拘留了。但这四个农民直喊冤枉，不承认往鱼肚子里塞过死老鼠。

这个案子使市公安局局长大伤脑筋，经过反复思考，他觉得事情确实有些蹊跷，四个农民要是想赚钱，往鱼肚子里灌点水，岂不省事，为什么专要塞被毒死的老鼠呢？再说，他们从哪儿弄这么多一样的死老鼠呢？

公安局局长带着侦察人员来到沙河岸边的农村里。乡亲们都说，这几个农民平时老实本分，不至于这么干。公安人员又来到沙河进行调查，结果发现了不少死老鼠，有的还漂在河面上。经过进一步的仔细观察，他们又发现了河面上还漂着死鲶鱼。

经过解剖化验，在死鲶鱼肚里发现了死老鼠。

死鲶鱼和死老鼠都是死于一种剧毒农药氟乙酰胺。但是，这氟乙酰胺是怎么传播开的呢？

公安局局长带着侦察人员顺藤摸瓜，终于真相大白。原来，生产队为了防止老鼠偷吃麦种，就在麦种里拌上了农药氟乙酰胺，而老鼠吃了拌有农药的麦种以后，就中了毒。有的很快就死了，有的一时没死，还能爬到河边喝水，就死在了河里，被鲶鱼当作食物一口吞进肚里……

那四个卖鱼的农民获释了。但使用这种剧毒农药氟乙酰胺的生产队受到了严厉的批评。因为氟乙酰胺是一种剧毒农药，虽能毒死老鼠，但也能导致畜禽以至人的中毒，还污染环境，伤害害虫、害兽的天敌，国家早已明文禁止使用。

56　百年盛衰滴滴涕

1873 年，滴滴涕诞生了。滴滴涕又被写作 DDT，是英文名称的缩写，它是人工合成的一种化合物。

1935 年，瑞士科学家穆勒发现滴滴涕具有很强的杀虫广谱性，可以杀死很多害虫，而且效果好，药效持久，再加上滴滴涕制作成本低，价格便宜，农民用得起，很快滴滴涕就被广泛使用。

第二次世界大战中的 1943 年，在意大利的不少士兵染上了斑疹伤寒，不少士兵被它夺去了宝贵的生命。而传染斑疹伤寒的罪魁祸首是虱子，人们又用滴滴涕来消灭士兵衣服上的虱子。结果滴滴涕又被发现灭虱效果极佳。一时间，滴滴涕竟被军队作为保密的军事物资而贮备。

后来，世界卫生组织又用滴滴涕来消灭蚊子，滴滴涕不负众望，效果显著。

1948 年，穆勒因为发现了滴滴涕的杀虫作用而获得科学界的最高荣誉——诺贝尔奖金。

从此以后，滴滴涕在世界各地的农田里、果树上，杀灭了数不清的害虫，为人类的粮食生产和疾病防治立下了不朽的功勋。

然而，就在滴滴涕声誉盛隆的时候，人们开始发现和注意到了它的副作用。滴滴涕毒性太强，在杀死害虫的同时，把益虫也杀死了，一些鸟类也因此死亡。而且，很多害虫开始有了抗药性，到 1960 年，不怕滴滴涕的昆虫达到 137 种。

更为严重的是，滴滴涕的杀虫效果越来越差，污染环境、危害鸟类的副作用却越来越大。

滴滴涕被驱走了

就在滴滴涕诞生百年之际——1973 年，美国首先宣布禁用滴滴涕。接着，世界各国相继作出了不准使用、销售、生产滴滴涕的决定。

滴滴涕的禁用，说明人们越来越重视环境保护。现在每一种新杀虫剂的诞生，科学家都把它对环境是否造成污染放在首位来考虑。

57   春天因何寂静

1962 年 6 月，美国波士顿一家出版公司出版了一本环境科学普及读物，叫《寂静的春天》。书中描述了使用化学杀虫剂给环境带来的严重污染和危害的景象。谁也没有想到，这本书的出版造成了很大的轰动，立即引起人们普遍的注意。

《寂静的春天》的作者 R. 卡逊是美国一位女海洋生物学家，1907

年 5 月 27 日生于美国宾夕法尼亚州。她多年从事海洋生物研究，曾写过《在海风下》、《环绕着我们的海洋》和《海洋边缘》等许多著作。在她多年的科研实践中，她以一位杰出科学家的敏锐目光，注意到了化学杀虫剂给这个世界带来的变化。她一再思索的问题是，春天为什么变得这样寂静？没有鸟儿的鸣叫。牛羊和农民们为什么会得种种怪病甚至死亡？1958 年，卡逊已经 51 岁了，她决定放弃其他工作，专心致志地研究杀虫剂的残留和污染问题。她走访了许多农田和牧场，查阅了许多官方报告及民间资料。历时 4 年，终于写出了这本划时代的著作《寂静的春天》。

　　不幸的是，《寂静的春天》出版后给她带来了很大的麻烦。当时，尽管有不少科学家同意她的观点，但是一些制造杀虫剂的企业却猛烈地批评她，说她耸人听闻，哗众取宠，有的还对她进行人身攻击，糟糕的是，有一些科学家也打着"科学"的旗号反对她。

　　面对众多的激烈反对者，卡逊毫不退让。她带病到参议院贸易委员会作证，以翔实的事实，无可辩驳的数据，有力的科学论证，生动优美的文采，揭示并阐明了杀虫剂污染对环境生态的影响，环境问题的严重性、紧迫性，表现了一个正直的科学家捍卫真理的大无畏精神。

　　尽管反对者的围攻无法颠倒卡逊揭示的事实，但蛮不讲理的嘲讽谩骂大大损害了卡逊的心灵和健康。在《寂静的春天》出版后不到两年，卡逊便在忧郁中离开人世，当时她只有 57 岁。

　　卡逊虽然不幸逝世，但她的《寂静的春天》却被译成了 30 多种文字，在世界很多国家出版，成为全球环境保护名著，对现代环境科学的发展起了积极的作用。

　　1980 年，在中国由科学出版社翻译出版了这本译著，书名就叫《寂静的春天》。

　　全世界的人们都因这一著作的出版和呼吁而受益，都将因此感谢卡逊科学目光的敏锐和坦言不惧的勇气。

58　少女一头绿发

20世纪70年代中期，瑞典曾出现了绿头发的人。

在瑞典西海岸的哥德堡附近的农村里，有一位金发姑娘。有一天，她在照镜子的时候，忽然发现自己的头发颜色有点不对劲儿，金发上带上了明显的绿色。

这是怎么回事？姑娘以为自己的眼睛出了什么毛病，赶紧眨眨眼，再对着镜子看，没错，是变绿了；又使劲儿闭一会儿眼，再照，还是绿的。

姑娘赶快跑到妈妈的房间里，让妈妈给她看看，看她的头发是不是变绿了。当妈妈也说她的头发确实变绿的时候，姑娘吓得哭了起来。

妈妈领着她去看医生。医生摘下了包在姑娘头上的头巾，前后左右观察了好一阵，问道："给她洗过没有？"

"洗过了，就是洗不掉。"

"这么说，不会是偶然染上的

大夫，我的头发怎么变绿了

绿色，"医生低头沉吟道，"会不会是血液的毛病呢?"

血液化验的结果表明，血液与绿发没有任何联系。

姑娘怀着忧郁的心情回到家中，从此成天包着头巾，很少出门。

不久，在哥德堡的其他地方，也出现了不少绿发姑娘。

绿发姑娘的出现引起了环境保护专家们的重视。他们对当地的饮用水、食物乃至土壤中的化学成分是否异常十分关注，认为这些因素很可能是产生绿发的根源。他们化验了很多样品，就是找不到原因。

环保专家在调查中注意到，这里的土壤偏酸性，水也偏酸性。他们知道，这是多年来天上经常下酸雨的结果。酸雨是工业生产中排放出含硫、含氮氧化物遇到降水过程产生的酸性沉降物，酸雨会腐蚀金属设备、房屋建筑等，这是一个世界性的环境问题。进一步实验分析后，发现绿发果然与酸雨有关。

酸雨渗入地层后，进入了地下水，当地人的生活用水源多取自地下水，这些带酸性的地下水要经过自来水管才能到达各家各户。自来水管是用铜做的，酸性自来水腐蚀了铜管，它自己也带上了铜化合物的绿色。姑娘们经常用这种带有铜绿的自来水洗头，天长日久，金发就被染成了绿发。

绿发之谜真相大白了。可问题并没有完，因为要恢复姑娘头发的金色并不难，但要消灭全球性的污染，解决酸雨，那就不是一件很容易的事了。

59 毒气泄漏打官司

1992年1月，印度最高法院宣布，要重新开庭审理已经判决的博帕尔市毒气泄漏事件。

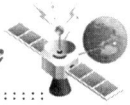

博帕尔市毒气泄漏事件发生在 1984 年，1989 年法院判决责任者给受害者赔偿损失费用 4.7 亿美元。为什么到了 1992 年却要重新审理呢？

这事儿，说来话长。

1984 年 12 月 3 日深夜，印度中央邦博帕尔市的居民们做梦也没有想到，就在他们熟睡的时候，一种能致人于死地的剧毒气体正在这个城市弥漫。很多人在睡梦中吸到这种毒气后，就再也没有醒来。

这种致人于死命的毒气叫异氰酸甲酯，本是制造农药的原料，平常

受害者竟打了五年的官司

贮存在地下的铁罐里，可是这天晚上，铁罐发生了破损，毒气被泄漏出来，一个晚上泄漏的异氰酸甲酯就有 40 多吨，毒气弥漫了整个市区。博帕尔市居民无处可逃，不少人因此双目失明，成为终生残疾；一批又一批人相继死亡。据统计，死亡者至少有 6000 人，受害者达 20 万人，受害面积达 40 平方千米。

这家农药厂是美国联合碳化物公司开办的，他们竭力为自己的过失开脱，也未向受害者及其家属提供任何救援。于是，印度政府和受害者只好向法院起诉，要求美国联合碳化物公司赔偿。不料这场官司一打就是 5 年，一共打了 5 场官司。由于美国公司方面百般狡赖，推卸责任，始终没有结果。

第五场官司在印度高级法院进行。1989 年 2 月 14 日，高级法院判处美国公司赔款 4.7 亿美元。公司不服，但也无计可施了，因为美国法院要求美国公司必须服从印度法院的判决。

拖了 5 年的公害案似乎了结了，但实际上并未了结。因为 4.7 亿美元对于 20 万受害者来说，如同杯水车薪。由于受害者的多次抗议、请愿，终于导致了 1992 年的重新审理。这一次，美国公司又一反常态，表示 1989 年判决是公正的、全面的、最终的，反对重新审理。

重新审理还是进行了，又给受害者争取到了若干赔偿。然而，这次重大的泄漏事故所造成的污染后果并没有最后消除，要消除这些污染后果，也许需要 10 年、20 年。这场官司，也有可能打 10 次、20 次呢！

60　雅典的紧急状态

1989 年 11 月 2 日上午 9 点钟，希腊首都雅典市中心街头的空气质

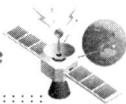

量显示器发出了鲜红醒目的危险信号，这是告诉人们，空气中的污染物含量已经超过国家规定的标准，请大家提高警惕。市民们纷纷打电话查询，原来是二氧化硫浓度超标。雅典大气监测站刚刚测定的二氧化硫浓度是每立方米空气中有 0.318 毫克，国家标准是 0.2 毫克，超标 59％。

"哦，原来是这么回事儿！"有人不以为然地说。

确实，空气污染物超标的事，在这里时有发生，大多数情况警告信号在不久之后就消失，市民们早已司空见惯，不少人觉得这没什么了不得的，用不着惊慌失措。

可是，这一次却不然，红色信号似乎越来越强，颜色也越来越深。有很多人凭直觉产生了一种不祥的预感。

11 点钟，不祥的预感变成了严峻的事实。希腊中央政府为此宣布："雅典处于紧急状态。"

这时，空气中二氧化硫的浓度已达到每立方米 0.604 毫克，远远超过每立方米 0.5 毫克的紧急危险线。

实行紧急状态当然不是说句空话而已，还有各种强制措施。政府命令：禁止一切私人汽车在市中心行驶，限制出租汽车、摩托车的运行；所有的燃料锅炉必须立即熄灭；工厂生产燃料用量全部减半；学校一律停课，让学生们待在家里，不得外出；市民们不要上街。

虽然政府采取了一系列紧急措施，但并没有产生立竿见影的效果。到中午 12 点，二氧化硫浓度又上升到每立方米 0.631 毫克，超过历史最高纪录——1982 年 5 月 25 日出现的每立方米 0.621 毫克。这时，另一个污染物一氧化碳的浓度也出现了紧急危险信号。很多市民感到头痛、乏力、呼吸困难，有的人呕吐不止，有的人旧病发作。一辆辆救护车尖叫着驶过大街小巷，忙不迭地把因污染而导致心脏病、呼吸系统疾病加剧的危重患者送进医院。

受害的市民们再也忍无可忍，他们被激怒了。下午 4 点半钟，市民们高喊着"要污染还是要我们"、"请为排气管装上过滤嘴"的口号，上街示威游行。和往常的游行队伍不同的是，这支在污染环境中游行的队

伍，人人都骑着自行车，戴着防毒面具。因为不这样，他们很可能在行进中就倒在街头。

二氧化硫是一种常见的和危害较大的大气污染物。汽车排气管、燃料燃烧等都会产生二氧化硫。为此，国际上都有排放规定，比如规定汽车排气管排气时必须达到安全标准，否则禁止上街行驶。中国则规定城市居住区大气中二氧化硫日平均最高容许浓度为每立方米 0.15 毫克。

61 死亡谷库巴唐

在巴西圣保罗市南边 60 千米的地方，有一个库巴唐山谷。库巴唐山谷森林密布，环境宜人。60 年代巴西实行大发展计划，在很短的时间里引进大量外资，在库巴唐办起了 300 多家工厂，有炼油厂、化肥厂、炼铁厂。一时间厂房毗连，烟囱林立。库巴唐山谷的人口很快增加到 15 万，不几年就成了圣保罗市的卫星城。可是谁也没有料到，300 多家工厂在给山谷带来繁荣的同时，也带来了魔鬼。

在库巴唐市繁荣起来后不久，人们发现，山谷里的森林树木在一棵棵一片片地枯死。市郊 60 平方千米的范围内很快成为荒山秃岭，昔日山谷的碧绿色早已消失得一干二净。晴天，太阳晒得人们像靠近炼钢炉那样难受；一下大雨，山洪暴发，滑坡和泥石流直冲谷底，冲得老百姓东奔西逃。

这是因为工厂只顾赚钱，不顾保护环境，工厂的废气、废水、废渣根本不去处理，一任浓烟蔽日、污水横流、废料遍地，成为公害。而且市民们得公害病的日益增多，仅居住在山腰的 2 万多居民中，就有4000 多人患呼吸过敏症，所有的医院都人满为患，住院的多是老人和

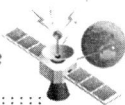

儿童，因为他们的身体最弱，根本经受不住如此严重的空气污染。到1983年，每天受污染之害而死亡的人就有100多个，因此库巴唐有了"死亡谷"的绰号。

环境污染和生态破坏给库巴唐的居民们带来的灾难已经够多的了，再加上工厂在生产中事故不断，简直是雪上加霜。1984年一家炼油厂的输油管破裂，10万加仑的石油燃起熊熊大火，经久不灭，致使100多人死亡，400多人被烧伤。1985年一家化肥厂氨气泄漏，15吨氨气弥散在小城的空气中。由于库巴唐是一个小山谷，氨气扩散不出去，结果有30人中毒，8000多人被迫搬家。

在库巴唐这样一个山谷，大办炼油厂、化肥厂和炼铁厂，本身就是一个无法挽回的决策失误。由此带来的环境污染更是日复一日，无法根治，这就决定了库巴唐人的灾难在短时间内是无法消除的。

62　玛努恩湖的惨案

玛努恩湖是非洲著名的旅游胜地，位于喀麦隆境内。这里风光旖旎，景色迷人，是观光度假的好地方。

1984年8月的一天上午，四个青年小伙子开着一辆小轿车，兴致勃勃地向玛努恩湖急驶。快到湖边的时候，不知是谁先惊叫了一声："快停车，快停车！"大家一看，可不得了啦，前方出事啦！只见十几辆小汽车、摩托车，有的倒在路边，有的横卧在路当中，像是发生了数车相撞的事故。可细看，车子基本上都完好无损，再看车里的人，都还在，只是一个个东倒西歪，早已死去。到底是怎么回事，一时弄不清楚。

四个小伙子在出事地点转悠着、察看着、商议着。其中一个小伙子叫道："你们闻着没有，一股好臭的臭鸡蛋味！"另一个小伙子也说："我也闻着啦，比臭鸡蛋还臭！"第三个小伙子问："莫不是那些尸体腐烂了吧？"

大家正这么七嘴八舌地说着，有一个小伙子突然倒在地上了。

他的伙伴问："你怎么啦？"说着，上前来扶这倒下的小伙子，这时，他们也都感觉四肢无力，站立不稳。

"大事不好，咱们快逃！"有一个小伙子拔腿就跑

这个小伙子总算跑到他们的汽车旁，把车开过来，把另外三个伙伴弄上车夺路而逃。但是，那三个小伙子已停止了呼吸。

湖里冒出毒气，咱们快逃

幸免于难的小伙子赶紧回去报信。当局得到消息后，立即下令封锁湖区，派了几个专业人员，戴着防毒面具来到湖边。大家一看，全都愣住了。

只见湖水一片血红，湖边的树木全都落了叶，绿草也都蔫了，草丛中还有一些死了的小动物和昆虫等。再看看死在湖边、路边的人，一个个鼻凝紫血，面色黑紫。经法医断定都是窒息致死。

调查人员找村民们了解情况，村民们说："昨天夜里，我们听到湖那边有猛烈的爆炸声，声音沉闷，像是谁往湖里丢了炸弹。"有一个村民说："今天早上 6 点多钟，我看见湖那边升起缕缕烟云，觉得怪稀罕的，就想走近去看，那知离湖还很远就感到呼吸困难，喘不上气来，就不敢去了。"

调查人员又分析了湖区刺鼻的臭气，看它们到底是什么。结果在臭气里发现了高浓度的一氧化碳、二氧化硫、硫化氢等。一氧化碳、二氧化硫都是无色无臭的有毒气体，硫化氢则是有臭鸡蛋味的有毒气体。人吸到这些气体后，轻者感到呼吸困难，重者可以窒息至死。正是这些毒气造成了这些人的死亡。进一步调查又发现，玛努恩湖的这些毒气，是由于湖底火山活动而从地下喷出的。

不过，一氧化碳、二氧化硫、硫化氢等等，都是常见的和危害较大的大气污染物，汽车废气、燃料燃烧、石化冶炼以及火山爆发、森林火灾等等，都是这些污染物的来源。诚然，像由于火山活动而造成的玛努恩湖惨案，是人类难以控制的环境污染灾难，但是大气污染的问题早已成为世界各国人民共同关心的全球性问题，很多国家都制定相关的法律措施、技术措施和管理措施，以减少大气污染物，保护环境。

63　遭殃的莱茵河

1986 年 11 月 1 日深夜，在瑞士的巴塞尔市，消防车尖厉的啸叫声惊醒了熟睡的市民。桑多兹化学公司仓库的大火照亮了城市的夜空，突然一声巨响，一个盛有 1250 吨剧毒农药的钢罐爆炸，剧毒农药被炸得满天飞，像天女散花一样撒向厂区附近的大街小巷。

大火被消防人员扑灭了，仓库被烧得七零八落。100 多吨硫、磷、汞等污染物，随着灭火剂流入下水道，涌进了莱茵河。

莱茵河是欧洲大河之一，发源于瑞士中南部的阿尔卑斯山北麓，流经列支敦士登、奥地利、德国、法国，在荷兰鹿特丹附近注入北海，全长 1320 千米，是沿岸各国市镇的主要水源。但是，从 40 年前起，莱茵河就被沿岸各国日益增多的污水污染，情况日渐严重。一旦上游某地污染加重，就会影响到下游。

巴塞尔市位于瑞士与德国的交界处。被剧毒农药污染的河水很快流向德国境内，50 多万条死鱼漂浮在水面。一些以莱茵河水作水源的自来水厂全部关闭，居民们得靠汽车运水来解饮水之急。

荷兰地处莱茵河下游，接到警报后，立即关闭了与莱茵河相通的所有闸门。

失火的第二天，仍有剧毒农药不断流入莱茵河。出事的桑多兹化学公司用大量塑料堵塞通往莱茵河的下水道，以切断污染源。这一办法虽然有效，但并不是长久之计。过了一个星期，下水道的污水越积越多，终于冲开了阻挡它们前进的塑料，又有 90 多吨汞污染物涌入莱茵河。

俗话说："祸不单行。"两个星期之后，即 11 月 21 日，德国的巴登市一家化学公司也出了事，大批农药随下水道流到了莱茵河里，使河中有毒物超过规定标准 200 多倍。有关专家估计，像现在这个状况，即使立即不再向河里排放污染物，莱茵河也得 8～10 年才能恢复到清洁的状态。

这是一场旷日持久的灾难，殃及的国家一个又一个，受害的居民以百万千万计，真是严重！

64 水藻蔓延琵琶湖

在日本的中部离京都不远的地方，有一个风光旖旎的湖泊，叫琵琶湖。琵琶湖的面积只有 673.9 平方千米，可她的湖龄却很长，已有 250 万～400 万年的历史，仅次于贝加尔湖和坦葛尼喀湖，居世界第三。琵琶湖南北细长，南小北大，从地图上看很像个琵琶，故有此名。南湖水浅，平均水深 4 米；北湖就深多了，平均水深 43 米，最深处 103.58 米。

1958 年，自来水厂在从南湖抽水的时候，抽水管滤孔被堵。这种现象还从来未发生过，一检查，原来是被水中的藻类堵塞的。

南湖水中的藻类能堵上滤孔，说明水中的藻类很多了，这本来是一个明显的信号，是一个警告，因为只有水被污染后，水中氮、磷等营养物质过剩，水里的藻类才会大量滋生。这说明污染已经很严重了。可当时并没有多少人重视这种警告。

过了三四年，南湖接连发生鱼、贝类死亡事件。这是因为水中藻类大量繁殖，也要呼吸氧，它们夺走了鱼、贝生存必需的氧，造成鱼、贝大量死亡。渔民们焦急万分，可又无法可想。

60 年代末，一到夏天，阵阵臭味从湖水面上飘来，令人掩鼻不及，就连自来水里都有一股腐臭味。

70 年代，整个湖面的藻类越来越多，连行船都不顺畅了。湖中多处出现赤湖。面对湖面白色、红色、绿色的污浊物，渔民们悲叹地耷拉下了脑袋。因为鱼、贝大量死亡，整个琵琶湖几乎成了一个死湖。

1979 年，地方当局决心拯救琵琶湖，严厉禁止向湖里排放氮、磷

这么大量的水藻，鱼儿都死啦

等污染物。

政府的拯救措施得到了渔民们的热烈欢迎，也得到了湖周围的市民、农民的一致支持。政府规定，禁止出售和使用含磷洗涤剂，大家就用肥皂粉代替。湖区民众还积极行动起来，不让湖岸的人畜粪便再流入湖内。他们又按政府的规定，监督工厂的排污行为。就这样，在短短一年多的时间里，湖内氮、磷等物质的含量就大幅度降低，水中的藻类也迅速减少了，湖水渐渐恢复了清澈。

当然，要彻底治理一个几百平方千米的污染湖泊，也不是一蹴而就的。冰冻三尺，非一日之寒。琵琶湖的水质和渔业资源还要有一段时间才能恢复。但是，只要坚持不懈地保护，琵琶湖会重新变得美丽富饶。

65　濑户内海的赤潮

日本最大的内海濑户内海向来以山清水秀而著称，国内外游人常常络绎不绝。1971年夏季，不少游人听说濑户内海新近出现了奇景，竞相前来观赏。这奇景不是海市蜃楼，而是海上赤潮，也就是说，海的表面呈现出一片壮观的红色。据当地渔民说，从前赤潮很少发生，后来每年夏天有两三次，最近一两年赤潮一次接一次，整个夏天几乎天天都出现赤潮。赤潮的出现究竟是好兆头还是坏兆头？

日本京都大学等18所大学组成调查团，研究赤潮。经过调查以后知道，濑户内海虽然表面看起来和原来没什么两样，但海底下却发生了巨大的变化。有1/3的海底已没有任何生物生存，另有1/3的海底也几乎没有生物出没。在这些海域的底部，连污泥都是臭的，稍一搅动，便散发出臭鸡蛋味儿，整个濑户内海几乎成了死海。

那么，海上的赤潮是怎么发生的呢？是因为海水中被排入了过多的氮、磷等营养物质，促使海水中各种藻类发生爆发性的繁殖。由于各种藻类的颜色不同，因此赤潮并不总是红色的，也有黄色的绿色的等各种色彩。由于藻类的生存繁殖消耗了溶解在海水中的氧，使海水严重缺氧，这样，海水中的鱼、贝就会因缺氧而窒息死亡。

赤潮带来的灾难首先落在渔民头上。1971年发生在广岛湾和备后滩的赤潮，使养殖场的鰤鱼和对虾大半死亡。渔民们毫无办法，痛苦万分，仅在广岛县境内，鰤鱼死亡就达40万尾，损失36万美元。加上其他地方死亡的鱼，当年整个濑户内海的渔业损失估计有156万美元。

后来，日本政府采取了防止海洋进一步受到污染的措施，濑户内海的污染状况才逐步得到改善。

66　海龟王之死

1988年夏天，在英国威尔士海滩上发现了一只特大的死海龟。海龟是受保护动物，这只大海龟之死自然引起了公众的关注。

动物保护专家被请来了。他这儿看看，那儿量量，并不理睬大家的提问。在他将要离开现场的时候，人们围住了他，请他谈一谈。

"这只海龟是棱皮龟，它的重量至少有900千克，在棱皮龟中是最大的，可以说是海龟王。"

塑料袋害死了海龟王

"它是怎么死的?"众人异口同声地问。

"它没有外伤,不是被人打死的;也没有中毒的迹象。就这些。"

"你能不能作出进一步的说明?"有记者问。

"对不起,现在无可奉告,"动物专家遗憾地说,"等解剖完了以后,也许一切都会水落石出。"

一连几天过去了,人们都在焦急地等待着。直到两个星期以后,这位动物专家才在电视节目中详细谈了海龟王的死亡原因。

"这只深褐色的海龟王,划动着将近 3 米长的两只前鳍,缓缓地游动着,它在寻找食物。"

"海龟王毕竟年纪大了,老眼昏花,它已经分不清它眼前的东西哪些是水母,哪些是装炸土豆片的塑料袋。"

"就在离海岸不远的海上,它发现了一只大'水母',它毫不费力地一口将'水母'吞下。"

"谁能想到,这个大水母是假的,它就在这儿。"

动物专家说着,向电视观众展示出一只塑料袋,长约 22 厘米,宽15 厘米。

"海龟王被噎住了,它挣扎,努力,可一切都无济于事,塑料袋总是咽不下去。"

"海龟王被噎得喘不过气来,最后连挣扎的力气也没有了。"

"在海里生活了一辈子的游泳能手海龟王,就这样被噎死了,又被海浪冲向了海滩。"

"杀死海龟王的凶器就是这只塑料袋,谁是凶手,不是很清楚了吗?"

海龟王的死只是一个很突出、很典型的事例,事实上,由于人们随便向海里抛弃废弃塑料袋,它们在海里被龟类、鱼类、海豚等海洋生物当作水母一类的软体生物吞食下去,结果被噎死或因消化不良而死亡的情况已经常有发现。人们正在发起一个禁止使用塑料袋,至少禁止乱扔弃塑料袋以保护海洋环境的运动。

67 一艘不受欢迎的船

1988年11月上旬，在南中国海的海面上，出现了一艘显得有些破旧的货船。这艘货船的名字叫费利西亚号，而且它已经在大海上徘徊两年多了。

这艘货船来到菲律宾的港口要求停泊，菲律宾政府明确表示不能接待；船长又把船开到中国的台湾，同样被台湾当局拒之门外。

原来，这艘船上装了1.4万多吨有毒废料，其中有重金属铅、铜、汞等多种污染物，谁也不愿意让别人把有毒污染物倒在自己家的门口，因此这艘船成了一个不受欢迎的流浪汉。货船曾几次改名换姓，但仍然到处碰壁。

这艘船本名叫佩利卡诺号，是一艘有19年船龄的货船。1986年8月31日，佩利卡诺号在美国的费城装上了这批有毒废料。船长想，这船装了有毒废料，很多人都知道，走到哪儿也不会受欢迎，就把船改名为基安海号。但是，这艘船的目的就是要把船上的有毒废料运离美国，卸到别的国家海域里，因此，尽管它到处碰壁，仍不死心。它在海上航行了一年多以后，1987年，辗转来到南斯拉夫。这时，船已经急需维修保养，于是，又赶紧改名为费利西亚号，总算骗过南斯拉夫海岸港口的官员，被允许停靠维修。1988年7月，它驶离南斯拉夫港口，向太平洋驶去。

这艘船在菲律宾和中国台湾吃了闭门羹以后，又赶紧改名，恢复了原来的佩利卡诺号的名称。1988年11月26日来到新加坡，要求停靠。新加坡港口当局听说是装有有毒废料的佩利卡诺号来了，当即表示拒

绝。船长一看大事不妙，红着脸说了真话："不瞒您说，我们的船上是装过有毒废料，因此才声名狼藉，到处不受欢迎，但是，现在，船上的废料已经全部卸掉了！"

"真的吗？"新加坡港口官员不无疑惑地问，"在什么地方卸的？"

"具体地点不必细说，总之是卸掉了，不信请你们上船查看。"

港口官员登上了佩利卡诺号，果然是一条空船。

"怎么样，一条装过废料的空船在贵国港口维修一下，这个要求可以接受吧？"船长追在港口官员的身后说。

港口官员回过头来，严肃地说："船长先生，很对不起，根据我国环境保护有关法规的条款规定，你们这艘船即使把废料全部卸下，也是干的嫁祸于人的勾当，这样的船当然不能进入我国港口！"

像佩利卡诺号这样把有毒废料倾倒在海洋里的做法是违反保护海洋公约的，不管它把废料倒在哪里都是污染了海洋，不受欢迎是理所应当的，尽管它漂泊了几年，也不值得同情。

68 坚信一定是可燃气体

蒸汽机发明成功以后，英国迎来了工业大革命，需要有更多的钢铁制造机器，于是出现了许多炼铁的高炉。此时的高炉已经不是用木炭熔铁炼钢，而是用焦炭。焦炭是将煤加热干馏以后制得的。干馏焦炭的炉叫炼焦炉。煤在炼焦炉里受热而又不能燃烧，就会从炼焦炉的炉顶上冒出去一股股热气。一般人都只把它看做是平常冒出去的烟，是无用的废气，并不怎么在意，匆匆侧身走过，躲开或绕开它也就是了。

但是有一位英国工人对从炼焦炉里冒出来的气体发生了兴趣，他叫

默多克，此时正在著名发明家瓦特与人合作经营的一座铁工厂里当主管。默多克常与炼焦厂打交道，每次经过炼焦炉旁，看到那腾腾冒出的热气，心想，煤在炉里干馏，并没有燃烧，因此冒出来的决不是已经燃烧过的烟，而是蕴含在煤中的某种挥发物，而这种挥发物一定也能像煤那样，是可以燃烧的。默多克又进一步想，如果这种挥发出来的气体是可燃的，那么，即使派不上大用场，也可以用来点灯呀！而且气体可以顺着管道流动，若是用来点灯，就可以用管道将这种可点燃的挥发物运到每盏灯的灯头上。

然而很多人并不相信默多克的这种猜想，更嘲笑他那种利用管道将可燃挥发气运到每盏灯去的想法。默多克决心用实验来检验自己的想法。有记载说，他先买了一口大铁锅，锅里装上许多煤，锅上严密封闭，然后在铁锅的下面烧火，模拟将煤干馏的方式，将煤在密闭的干馏器里挥发出的气体收集起来，一试，果然是一种可燃的气体。当时默多克是康沃尔工厂的头头，他就主持着在工厂里安装上输送煤干馏气体的管道，管道分别通到每一个车间和自己的家里，结果，在一个夜晚，所有接通上这种可燃气体的灯全都点着，顿时厂里一片光明，吸引了不少附近的人前来观看，并且暗暗下决心要仿效，也点上这种灯。这事发生在 1792 年。

由于这种气体是从煤干馏得到的，后来就被称为煤气。而用煤气点亮的灯，就叫煤气灯。因为煤气可用管道直接将它输送到需要去的地方，又方便，又干净，还可利用开关随时加以控制，而且为伦敦附近炼焦厂排出的废气找到了可应用的出路，煤气灯一时风行于世。1812 年，这种干馏煤气灯被英国当局采用作为伦敦街道照明的路灯，随后世界上一些主要城市也相继使用，特别是在美国。1816 年，美国的巴尔的摩市专门设立了煤干馏工厂，炼焦的目的反而是其次的，主要的目的则是生产可源源不断输送到各家各户的煤气，供点灯用。

100 多年后，爱迪生发明了电灯。电灯与煤气灯曾经发生过很严重的对抗，供应煤气灯使用煤气的厂家曾极力反对电灯的推广，然而毕竟

坚信那一定是可燃气体

被电灯所取代。

　　不过煤气并未被人抛弃，它虽然不再是点灯的原料，然而它仍旧是一种洁净而又运输方便的燃料，烹饪、取暖，甚至炼铁，人们也还是少不了它的。不过人们在概念上已经习惯于将它看做是生活中不可缺少的燃料，而几乎很少想到，或者不知道，它曾被当作无用的废气而直接排放到空中，让它自然消失。

（严　慧）

69　煤焦油变废为宝

蒸汽机发明成功以后，对钢铁的需要日益增加，炼铁的高炉也迅速改变为用焦炭代替木炭作为燃料，焦炭是将煤经过干馏以后制得的产物。但是，炼焦炉的大量出现，也同时带来伤脑筋的环境污染——从炼焦炉里流出的大量泥浆状的煤焦油，黑乎乎，黏糊糊的，弄脏了周围的环境。

幸运的是，在19世纪中叶，新出现的煤焦油带来的环境污染，引起了欧洲一些化学家的注意，他们想用化学的方法将这一新出现的环境污染问题加以解决。

当时德国有位名叫霍夫曼的化学家，心想，能不能从煤焦油中提炼出可以医治疟疾的奎宁药物？就把这个设想交给助手珀金去做实验。那时的化学，对奎宁这种药物的分子结构并不清楚，珀金进行的试验是试探性的。有一次，他将重铬酸钾和从煤焦油中提取出的苯胺混在了一起，在试管中得到了一种黑色物质，外观和沥青很相像。珀金懊恼地想：这次实验又失败了，就将试管拿去冲洗，但这种黑色物质却不易被水洗去。

珀金就往试管里倒点酒精，也许酒精可以将它洗干净，不料试管里的黑色残渣不但立即被溶解，而且呈现出一种美丽的紫色。这使珀金想到，用它来做染料，染出来的织物一定很漂亮。珀金立即将这种紫色化合物寄给苏格兰的一家染坊，请他们试一试。结果染坊答复说，效果很令人满意，用它染出的丝织品不但色泽美丽，而且色度很牢。

那时织物的染料都是从植物中提取出来的，价格昂贵。珀金马上对自己这一用化学制取染料的方法申请了专利，它是人工合成染料的第一份专利，并且办起了一家染料工厂。这年是1856年，珀金只有18岁，

他发明的这一人工合成染料叫做"苯胺紫"。

苯胺紫后来成为很流行的一种染料,更重要的是,珀金的发明刺激了合成有机化学的发展,使本来会给环境带来严重污染的煤焦油,不仅成为其他几种合成染料的原料,而且又被化学家们从中制造出许多有用的化工原料,如甲苯、萘和蒽等,它们是制作医药、染料、香料和农药的原料,煤焦油工业盛极一时。

可见,污染环境的废气、废水、废渣等,如果用先进的科学技术去发掘、研究、开拓,那里面很可能蕴藏着宝贵的财富哩!

70 "危险的废物"优点很多

那是 19 世纪中期发生在美国的事。1859 年,美国挖井匠多莱克在宾法尼亚的泰特斯维尔林打出了第一口石油井,开采出黑乎乎黏糊糊的原油,当地的老乡用它点灯。第二年,美国人巴恩斯代尔和艾博特在这里建造了美国第一座炼油厂,采用蒸馏的方法将原油进行分馏。在分馏的过程中,最先流出来的是最轻的油,它很轻,非常容易点着,而且性格暴躁,一着就爆炸。轻油馏完以后流出来的是中等的油,它的性格比较温和,点着以后火焰明亮,油烟也比原油少。最后剩在蒸馏锅底的是重油,它不但很重,而且燃点较高,一般不易点着。

当时炼油厂老板需要的是中间出来的那种油,它叫煤油。老板把它们卖给老乡们点煤油灯或汽灯。第一种轻油和第三种重油当时都被认为是无用的废物。

第一种轻油最叫老板们伤脑筋,它不能用来点灯,怎么处理它们呢?老板说,干脆把它们倒进河里算了,随着河水它们就流走了。谁知

油比水轻，它们浮在水面上任意漂流。航行在河上的船偶然向河里丢下一颗火星，它立即就猛烈地燃烧起来，那时的船主要是木头做的，火势的凶猛还会把船烧掉，要是蔓延到河岸，还会把河边的庄稼烧成一片焦炭。有一次，水面的轻油顺着油迹烧到路上，又顺着路上的油迹一直烧到炼油厂，结果把炼油厂也点着了，引起猛烈的爆炸，工厂在爆炸声中变成一片废墟。

这种从炼油厂分馏出来的轻油，造成十分危险的污染，因此它得了一个外号："危险的废物！"

危险的废物易燃的特点最后被发明内燃机的发明家看中了。那时人们使用的机械动力是从蒸汽机来的，利用锅炉中烧出来的高压蒸汽进入汽缸，推动活塞工作。发明内燃机的发明家却想，何必多此一举利用蒸汽的动力呢，让一种燃料直接在汽缸里燃烧，这样产生出来的大量气体不是同样也有强大的动力去推动活塞工作吗！

因此，内燃机的发明家需要寻找到一种易燃烧的液体燃料（因为液体燃料才可以通过管道，用喷嘴控制流量和开关）。这种危险的废物——汽油正好具备这两个条件。1883 年，德国工程师戴姆勒发明汽油引擎，1886 年，另一位德国工程师本茨将汽油引擎装在三个轮子的车上，成为最早的汽车。这种轻油正式被叫做汽油。最初的汽车，每小时能跑 15 千米，是当时速度最快的交通工具。

于是汽油成为宝物，1898 年，美国才只有 4 辆汽车，到 20 世纪初，就有了几万辆汽车，炼油厂的老板们不再为如何处理这种造成危险污染的废物而发愁，反而为大量开采石油、提炼汽油而获得丰厚的利润笑逐颜开。汽油不但是汽车的重要燃料，还是摩托车、汽艇等使用汽油机做发动机的交通工具的重要燃料。

人们早已忘记汽油曾经被认为是造成环境污染的危险的废物那段历史了。

（严 慧）

71 "无用的废物"大显身手

还记得早期炼油厂在蒸馏过程中最后沉淀在锅底的重油吧，那也曾经是一种令老板们伤脑筋的环境污染之物呀！因为它的燃点高，不易点着，所以不能用做燃料，老板们也将它看做是无用的废物，让工人偷偷将重油当作垃圾倒掉。

于是，那许多按照老板的意思向野外倾倒的重油，又给周围造成严重的污染，使四周的群众受害，他们纷纷抗议。

倾倒到江河里的重油，漂浮在水面上，黑乎乎一片，虽然不像轻油那样容易着火，但是它们会使粘着重油的鱼儿的鳃失去呼吸的功能，结果鱼儿纷纷窒息死亡，一大片死鱼漂浮在河面上，渔民们提出抗议。

倾倒在田野里的重油，顺着地面流淌，流经之地，将庄稼成片"烧"得枯焦，不再结实，农民失收，怨声载道。

重油带来严重的环境污染，引起化学家的注意。俄国著名化学家门捷列夫，分析了重油的化学结构，认为它们都是碳氢化合物，也就是说，都是有可燃性的元素，建议对它们进行一系列的处理，使它们发生化学结构上的变化以后，仍旧可以成为有用之物，到那时它们就不再是污染环境的废液了。

1876年，俄国根据门捷列夫的建议，建立了一座专门炼制重油的化工厂，最初炼制的产品是将重质油大规模炼制成润滑油，可以在各个领域代替动物油脂和植物油脂；后来采用"减压蒸馏法"，可以将重油加以分解，不但有润滑油，还可得到柴油、沥青、焦炭、石蜡等许多宝贵的有用之物。特别是柴油，自从发明了一种可以燃烧柴油的喷嘴（燃

"无用的废物"大显身手

烧器），柴油也由此成为重要而又廉价的燃料，那些利用柴油发动机作为动力的拖拉机、轮船、坦克和有些载重汽车纷纷出台，柴油的身价也日益提高。

至于沥青，它是修筑公路的必备材料；焦炭是冶金工业中的重要燃料；石蜡也是一种重要的化工原料，一般用它做地蜡，也可做润滑脂，用来给金属防锈。

原来被认为是炼油厂中排放出来的废物，不但不再造成环境污染，而且经过化学家的一番改造，轻油也好，重油也好，都成了宝贵的财富。

可见，废弃之物是否注定了是污染环境的祸害，完全要看人们对它们采取什么态度才能决定命运。

（严　慧）

72 废气成为工业副产品

1775 年，法国科学院悬赏 12000 法郎，征求利用食盐制取碳酸钠的方法。碳酸钠就是我们称为"碱"的化合物。法国为什么要用这么高的代价征求制碱的方法呢？因为当时由于造纸、肥皂、纺织、漂洗等行业发展起来了，需要大量的碱，而在这以前用的都是从树木和海草的灰中提取的植物碱，满足不了需要。但是化学家们已经知道碱是钠元素的化合物，如碳酸钠（纯碱）、碳酸氢钠（重碱）、氢氧化钠（烧碱）等都是碱；化学家们还知道，食盐就是氯和钠的化合物，而食盐是可以从海水中大量制取的，所缺少的就是需要找到将食盐制成碱的技术。

这一重赏确实打动了不少人，科学院果然征集到不少发明建议，最后采用了一位名叫吕布兰医生的方案，先将食盐与硫酸反应，得硫酸钠（同时释放出氯化氢气体）；再将硫酸钠与煤和石灰一同放进炉里熔化混合，就得到碳酸钠，它就是人们所需要的纯碱。这一制碱法就被称为吕布兰法，于 1791 年获得专利，投入生产后很是受社会欢迎。

但在吕布兰法制碱的生产过程中，逐渐出现了严重的环境污染问题，它就是在第一道工序中，盐与硫酸反应得硫酸钠的同时，释放出氯化氢气体，它被直接排放到大气中，呼吸到这种气体的人，会刺激呼吸道造成感染；特别是由于它带有强烈的腐蚀性，是造成钢铁建筑材料和机械腐蚀的祸害。这一污染的严重性，促使英国议会通过管理条例，敦促尽快解决这一废气污染问题。

1836 年，英国人哥塞建议，建设一个吸收塔，塔中填充焦炭，能

将生产过程中放出的氯化氢气体吸收。为了使焦炭能经常保持良好的吸收废气的能力，哥塞还设计了一个辅助性方案：对塔中的焦炭用水冲淋。没想到这个方案实地一使用，却发现从吸收塔中流出来的冲淋焦炭的水，不是一般的水，而是盐酸。因为氯化氢气体溶于水后就成为了盐酸。

盐酸是工业上与硫酸、硝酸并称的三大强酸之一，在化学工业上是制造人造橡胶、染料、塑料、药剂等的重要原料。原来被认为是严重污染了环境的工业废气，竟成为制碱工业中于碱的生产之外，同时得到的另一种重要的工业副产品。

吕布兰制碱法的生产过程中，还产生一种使人讨厌的灰渣，黑黝黝的，量很大，又发出恶臭。拿它怎么办呢？1862 年，德国化学家蒙德利在英国工作时，注意到那难闻的灰渣其实是硫化钙。他发明了一种方法，使空气中的氧与黑灰渣中的钙化合，成为氧化钙，而同时还可以得到纯净的硫，硫是制造硫酸的化工原料。

1887 年，另一位英国化学家黑斯，发明了另一种处理黑灰渣的方法：将黑灰渣溶解后，在溶液里通入二氧化碳，再用氧化铁作催化剂，也可得到纯净的硫。

概括地说，由吕布兰的制碱法生产过程中产生的废气废渣，经过化学家们的努力改造，人们得到了盐酸、氯气、漂白粉、硫、硫酸等一系列的副产品，许多化工产品围绕着吕布兰法而开展起来，带动了化学工业的兴起，奠定了近代化工设备的基础，还连带着造就出不少化学工业人才。

吕布兰制碱法在英国足足延续了 100 年，后来渐渐被更先进、"废弃物"更少的制碱法所代替。这虽是化工发展史上的一段经历，却仍旧告诉我们，工业生产中排出的废气、废渣等，不要急急忙忙就宣布它为废弃物，是污染环境的有害之物，经过化工学家们的进一步研究探索，对污染环境的有害之物作进一步的探索，化害为利，变废物为财富的可能性是确实存在的，特别是对一些排出废气、废水、废渣的化工生产，

获得了工业副产品的称号。

更需要多动一番脑筋，从积极的角度想办法，挖掘财富，这可能是治理环境污染的一条重要思路。

（严　慧）

73　废钢渣与农业磷肥

那是19世纪60年代一个深冬的夜晚，横跨在比利时北部山间峡谷上的一座铁桥，突然断裂，倒塌在江水上。经过化学家和冶金学家共同努力寻找原因，归结于造铁桥的钢铁中含磷太高，使钢铁的性质发脆的缘故。

铁中为什么会含有较高的磷？进一步研究又发现，原来是炼铁的转炉中采用了酸性物质做炉衬，使铁矿石中含有的磷未能排除出去。后来，英国一位名叫托马斯的冶金学家建议，改用碱性的氧化钙等做炉

衬，冶炼时铁水中的磷与氧化钙发生化学作用，生成磷酸钙，沉积在炉渣中，和钢渣一同被排出，这样出炉的铁水中的磷就被脱除了，钢材的质量得以大大提高。

钢铁中的磷被脱除，质量提高，老板们当然很高兴，但又带来了新的烦恼：一天天排出的钢渣，都快堆成小山了，造成了工业废渣对环境的污染，怎样去治理它们呢？

必须给这种矿渣找到新的出路，要不就会影响钢铁的继续生产了。正在这时，在农业上产生了一个新的突破，德国化学家李比希提出，对于农作物要注意施含氮、磷、钾三种元素的肥料，含磷的肥有助于作物

农业化学与废钢渣

秆的健壮生长和籽实饱满。可当时人们施用的磷肥是靠开采磷矿石加工制得的。

一位名叫荷耶尔曼的德国化学家想，炼钢厂里排出的废钢渣，那里面不是含有较高的磷酸钙吗？能不能用它代替磷矿石作为磷肥施用呢？于是他将这种钢渣粉碎作为磷肥，进行了小型试验。试验的结果表明，这种含磷的钢渣粉末虽然不溶于水，却很容易被农作物吸收，农作物生长良好，显示出了增加磷肥的肥效。

荷耶尔曼将实验结果公之于众，并且实地加以推广。欧洲许多国家的炼钢厂正在为大量的废钢渣无法处理而发愁，得到这一信息，纷纷试验推广，大量生产利用废钢渣制成的磷肥，果然对促进农作物的生长有效。于是这种磷肥被称做钢渣磷肥，它于1886年开始出现于市场，第二年单是德国的消费量就达到5万吨；1889年，全欧洲使用的钢渣磷肥达到70万吨。

这种钢渣磷肥在我国也有推广使用，不过大概很少有人知道它是由炼钢的废渣加工而成。

可见，有些工业产品生产过程中出现的废渣，并非注定一定是环境污染物，只要经过科学的分析研究，往往可以使废物转化成为可贵的财富，起到化腐朽为神奇的效果。

（严　慧）

74　黄烟变成硫酸

中国最大的燕山石油化工总厂坐落在北京燕山脚下，每年都要生产很多化工产品。但是，燕山石油化工总厂刚投产时，每天从烟囱里排放

出的滚滚黄烟，弥漫在工厂四周，严重污染空气，气味难闻，使人感到呼吸不畅。

原来，化工厂要用电，燕山石油化工总厂的发电厂是火力发电，烧的煤中含有比例很高的硫，硫在燃烧中会变成二氧化硫，那黄黄的又有呛人臭味的浓烟，就是因为烟中含有大量二氧化硫的缘故。

二氧化硫是一种有害气体，人吸到它会引起咽喉和气管发炎，下雨时二氧化硫还会形成酸雨，酸雨会影响农作物和周围草木的生长。

燕山石油化工总厂的科技人员决心要解决这个污染问题，他们另辟思路，对浓烟问题进行了综合分析。科技人员认为，排放出去的二氧化硫虽然是有害物，但如果能使它们变成硫酸，那就是有用的化工原料了，因此最好能将烟囱中排出的烟回收利用。可是，二氧化硫并不能直接变成硫酸，只有当二氧化硫变成三氧化硫与水结合发生化学变化后，才能成为硫酸。

但是煤中的硫在燃烧中变成二氧化硫时，就随着烟从烟囱中飞走了。有什么办法使二氧化硫在随烟飞走时变成三氧化硫呢？经过实验，科技人员找到了一种催化剂，它能使二氧化硫变成三氧化硫，而催化剂本身在化学反应中并不发生变化，这种催化剂就是含碘的活性炭。

科技人员设计了一种装置，让煤在燃烧时形成的烟先经过含碘的活性炭，使二氧化硫在含碘活性炭的催化作用下，很快形成三氧化硫，再让含三氧化硫的烟经过有水淋的装置，三氧化硫遇到水就溶解在水中形成硫酸。经过半年时间的改建，黄烟消失了，工厂还得到了工业原料硫酸。

当这项发明在报上发表以后，土耳其政府马上通过驻华使馆提出要求，要购买这项既能消除空气污染、保护环境，又能增加财富的技术专利。

综合利用，化害为利是保护环境造福人民的一种最好方法。

（严　慧）

75　12万吨原油漂浮在海面

1967年3月，一艘装载着11.8万吨原油的巨轮"托雷·卡尼翁"号航行在英吉利海峡。当这艘巨轮开到兰兹恩德岬的七石礁的时候，船身剧烈地震动了一下，有航行经验的船长和船员们马上意识到：不好了，触礁了！

"卡尼翁"号被礁石撞开了一个大洞，船上装载的原油突突地往外冒。这些原油如果都冒出来，势必严重污染英吉利海峡的水域，产生不堪设想的后果。

船长下令，立即发出呼救信号。

很快英国和法国都接到了呼救信号，有关方面立即研究救援计划。有人主张赶快调运清洁剂，有人主张用飞机轰炸，把油船上的油点着，烧掉。经过激烈的辩论，最后决定用飞机轰炸，以期引发原油燃烧将它消耗掉。

当救援队伍来到的时候，巨轮已经大部分沉没。救援队伍赶快把船员们送上救生艇。当救生艇刚刚驶离出事地点的时候，飞机已出现在七石礁的上空。

英国的几架轰炸机呼啸着俯冲下来，对准沉船，丢下一串又一串重磅炸弹，但很多炸弹只是发出巨大的轰鸣，激起高高的水柱而已，人们期望的熊熊大火并没有出现。这时船已经沉入海底，再丢更多的炸弹也已无济于事。

眼看着原油布满了海面，污染了海域。至此，救援工作不得不改用清洁剂去溶解原油，达到清除漂浮在海面上粘稠原油的目的。

用轰炸去清除漂浮在海面的原油

为了清理这次触礁沉船污染事件，英法两国共出动了 42 艘舰船，1400 多人，使用了 10 万吨清洁剂来溶解原油，花了 10 天的时间。然而，这些努力并没有控制住原油污染的蔓延，近 12 万吨原油除一小部分在轰炸沉船时被燃烧掉以外，绝大部分漂浮在海面，给海洋生态带来了严重的危害。粘稠的原油，粘在海鸟的羽毛上，使海鸟失去漂浮在水面上和飞翔到空中去的能力，有 2.5 万只海鸟在这次污染中死亡。珍贵的经济鱼类鲱鱼鱼卵有近 90％没有孵出小鱼，少数鱼卵虽然变成小鱼，但畸形很多，鱼体扭曲，活不了几天便纷纷死去。海峡两岸的英国和法国蒙受了巨大的损失。

如何防止油船在海上失事，造成海洋生态污染，一直是环境保护研究中的重大课题之一。

76 保护海洋公约的诞生

1971 年 7 月 30 日,一艘载满货物、上面蒙着苫布的美国货船在大西洋公海上游戈。起初,人们不清楚这艘货船在干什么,只是当它停下来,把船上装载的货物倾倒在大海里以后,人们才知道,这艘船正在干的勾当是把 12500 枚过时的神经性毒气弹沉入大西洋的海底。

美国货船的行动立即遭到国际社会的强烈抗议。因为这些烈性化学毒气弹一旦泄漏,不仅会危害海洋生物的生长和海洋资源的利用,而且还将严重地危害人类的生命安全。

还在 1969 年,美国就曾经将 1700 多枚神经毒气弹投入太平洋,遭到许多国家的谴责。从那以后,国际社会为了防止因倾倒这类毒物而使海洋环境污染,立即着手商量制定相应的保护海洋条约草案。经过一年多的准备,终于有了一些眉目。1971 年 2 月,联合国人类环境会议筹备委员会成立海洋污染工作组,并决定于 6 月在伦敦召开第一次会议。美国在工作组第一次会议上抛出了一个草案文本,但是,各国代表认为美国的草案文本存在一系列问题,未予讨论,决定在 11 月再研究。而那艘美国货船在伦敦会议以后不久,趁着条约还未正式签订,就赶紧向大西洋倾倒毒气弹等危险的污染物。

8 月 9 日,美国政府发表声明,说将毒气弹沉到 5000 米深海,不触犯任何国际法条款,并声称这样处理绝对不会危及人类生命。人们以为,这个声明只是为他们 7 月 30 日的行动辩护,那知这是为更大规模的倾倒行动造舆论。

8 月 18 日,美国又将 12500 枚过时的神经性毒气弹沉入大西洋。

隔了一天，又将5000吨装有糜烂性毒气的容器沉入海底。

虽然美国不顾国际舆论的谴责，冒天下之大不韪，我行我素，但是美国的行动还是从反面促进了防止海洋污染公约的制定。

1971年11月，海洋污染工作组在加拿大渥太华召开第二次会议，会上没有接受美国草案，而决定另行起草。经过一年的紧张努力，终于制定了草案，并在1972年11月30日至12月13日召开的政府间海上倾废会议上获得通过，这就是有名的《防止倾倒废物和其他物质污染海洋的公约》。从此以后，谁要想把有毒废物再抛到海洋里恐怕就不那么随便了。当然，有了公约还需要各国自觉遵守，才能真正保护海洋不被污染。

77　海上油井喷大火

1979年6月3日，在墨西哥南坎佩切湾的"伊斯托克"1号石油钻井，发生了强大的井喷。黑色的原油夹杂着天然气，从海底3600多米的深处顺着钻杆冲出海面，顷刻间，平台甲板上黑油漫流，一直漫过工人们的脚踝。随即轰然一声巨响，火柱冲天而起，整个钻井平台成为一片火海。

这就是有名的墨西哥湾井喷事件。

这次井喷就像一次小小的火山喷发，很难扼制，每天有4080吨油冲出海底，熊熊燃烧，化作浓烟。

石油公司为了堵住井喷，向钻井里灌进沉重的铅球、钢球，可是，在猛烈的井喷面前，铅球和钢球简直成了小孩玩的皮球，一个个被喷涌的原油顶了出来。

有人建议，在"伊斯托克"1号平台的旁边再打上一两口油井，把

非喷不可的原油引过去，好在这里扑灭井喷和大火。

这个建议被采纳了。在离"伊斯托克"1号平台800米远的海上抢打了两口引油新井，总算在9月和10月分别打成，井喷的势头稍有减退，但仍然无法遏制。

这次井喷一直到1980年3月24日才被止住，历时296天，损失原油45万吨，人员伤亡不说，光抢险费就花了1亿3000多万美元。

井喷虽然停下来了，更麻烦的事情还在后头。

"伊斯托克"1号平台附近的海面上，覆盖了一层厚厚的黑稠的原油带，长480千米，宽40千米，覆盖了19000平方千米的海面，顺海潮向北漂去，所到之处，海鸟和鱼类大量死亡。

1980年8月，漂浮的原油带漂到美国海域。美国海岸警卫队紧急出动，起先想把黑油捞起来，一看黑油如此之多，来势如此之猛，只好改用火烧。火烧仍不能遏制黑油逼近海岸的势头。后来，临时筑起了一道200千米长的浮动大坝，这才拦住了大部分黑油的前进。但仍有一少部分黑油迂回扑向海岸，污染了大片海滩。

结果，为对付这次大规模的海上石油污染，美国付出的代价比发生井喷的墨西哥还大。

海洋污染中，石油对海洋的污染，已成为世界性的严重问题。因为如果海洋受到石油严重污染，要经过5～7年的时间，海洋生物才能重新繁殖起来。

74 "埃克森"号冲向暗礁

1989年3月24日凌晨，美国的豪华超级大油轮"埃克森"号驶离

瓦尔迪兹港，满载 21 万多吨原油，准备驶往长滩。

刚出港，船长就对领港员说："这儿没你们什么事了，你们回去吧！"

"船长，"领港员说，"您的命令我们当然乐于服从，可是，按规定，我们现在还不能离船。"

船长一挺大肚皮："哎，出了事我负责。咱们的港口是全世界最先进、最安全、最稳妥的，咱们的'埃克森'号是全世界设备最精良、投资最多、造型最美的超一流油轮，都 12 年了，出过针尖大的事故没有？"

领港员于是离开油轮回去了。

过了一会儿，船长点上一支香烟："三副，你来驾驶一会儿！"

三副走过来说："船长，我还没有驾驶执照呢！"

"什么执照不执照的，我的话就是执照！"船长说着，离开了驾驶台。

这位三副也真是个二把刀，船没开出多远，就偏离航线 5 千米，300 多米长的巨型油轮向危险的海下暗礁冲去。

就这样，油轮触礁了。出事地点在布里格，离港口只有 35 千米。油轮的肚皮上被划开 6 米长的一道大口子，15 个密封舱破了 6 个，船上装的 126 万桶原油有 20 万桶泄出，威廉王子海峡出口处出现了一条几百千米宽的油膜。

事故发生了，平时麻痹大意、制度松懈的港口一片惊慌，任石油在海上漂泊蔓延，不知所措。大家你问我"怎么办"，我问他"怎么办"，大眼瞪小眼，谁也不知道该怎么办，直到两天以后，港口才拿出了应对计划。

港口面对几百平方千米已被原油污染的海面，显然，采取任何措施都为时已晚，即使能起作用，也是杯水车薪。他们动用了撇油器、热水器、高压喷雾器，都无济于事；他们从直升飞机上用激光来点燃漂油，动员 4000 多人清扫沙滩，调动 300 多只船只拦油，还请求前苏联援助，然而，一切努力几乎都劳而无功。

强风把油膜吹到威廉王子海峡西部的苏厄德，直逼基奈半岛和库克

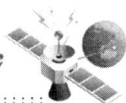

湾的霍梅尔镇。西北风又把油膜吹向东南方，使 64 千米处的 14 个小岛受到严重污染。海岸警卫队白费了九牛二虎之力，无法对付漂油的污染，只得下令关闭瓦尔迪兹港。阿拉斯加州宣布处于紧急状态。

这次特大的海上石油污染，使海洋生物、渔业资源、旅游资源蒙受了巨大损失；船主为此赔偿了 1 亿美元。

石油在运输过程中，油船失事事件经常发生。每一次失事，都会给海洋带来严重的污染。据统计，全世界每年因船舶失事流入海中的石油达 50 万吨。

79　囊中自有雄兵百万

1990 年 8 月，挪威油轮"梅加博格"号在墨西哥湾起火爆炸，泄出的原油流入大海，很快形成一条长 45 千米、宽 15 千米的油污带。油污带借着海浪和海风向北漂去，直逼美国得克萨斯州海岸。

这可怎么办？海上漂油不仅会使海洋生物濒于危境，而且一旦靠近海岸，会使海滨大面积受污染，危害和损失将是严重的。

得克萨斯人还记得 10 年前墨西哥石油公司"伊斯托克"1 号平台发生井喷之后形成的油污带所带来的灾难，最后筑起一道 200 千米长的浮动大坝，才算勉强挡住了油污带。

10 年过去了，但当年的阴影还没有消失，今天，漂油又一次兵临城下，怎能不叫得克萨斯人紧张呢？

得克萨斯州州长不断接到各方面打来的电话，他也有点坐不住了。听说州环保局好像打过保票，说有什么秘密武器，可以对付漂浮的油污。

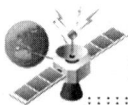

"喂，环保局局长吗？"州长拿起了电话，"这次漂油虽没有 1980 年那次大，可也来头不小，你们的秘密武器有把握吗？"

"当然，"环保局局长很自信，"没有金刚钻，哪敢揽瓷器活儿呀！"

"漂油已经离海岸不远啦！"州长有些不放心。

"请州长到现场视察，"环保局局长的口气挺大，"任它漂油来势汹汹，我囊中自有雄兵百万！"

州长来到现场，他惊呆了。原来，环保局的人驾着好多小汽艇在向漂油撒一种粉末，漂油只有远处才有，近处基本上难得看见。

"我说老兄，你这是变的什么把戏呀！"州长问。

"我们向漂油上撒的，是咱们国家环保局筛选的一种细菌，它是拿玉米淀粉培养的，特别喜欢吃石油。把它们撒在漂油上，来对付漂油，不费吹灰之力，只消两个小时，它们就可以把石油分子吃掉，使石油分子变成脂酸乳状液。"环保局局长解释说，"而且，它和化学除油剂不同，它不会影响水里的生物生长。"

州长非常高兴："我说你哪儿来的雄兵百万，原来你打的是细菌战。"

清除原油的雄兵百万，原来是一种细菌

"有无数的细菌去消灭来势凶猛的漂油大军，而且功效显著，怎么不是雄兵百万！"环保局局长回答。

自从有了这一发明，这才给人们对如何消除漂油溢在海面造成的大面积环境污染，带来令人感到欣慰的希望。

80　三里岛事件

1979年3月底，美国的一个鲜为人知的地方三里岛，一下子成为全世界各通讯社、各家报纸、各电视台和广播电台以至各国政界、军界和原子能和平利用部门、环保部门关注的焦点。

一个惊人的消息传遍了全世界：三里岛核电站发生了有史以来最严重的事故。

三里岛位于美国宾夕法尼亚州哈里斯堡附近，这里离美国首都华盛顿以及巴尔的摩、费城甚至联合国驻地纽约都不太远，三里岛核电站发生事故，当然更加引人注目。

事故发生在3月28日，由于操作人员违反操作规程，核电站的一个反应堆的62吨的堆芯被熔化。

尽管事故发生后曾一度保密，但在美国那样的国家是很难保密的，消息一传出，立即掀起一场轩然大波。

当地居民们听到这一消息后无不大惊失色，立即讨论怎样赶快逃离哈里斯堡。

大街上人声鼎沸，逃难的小汽车排成长龙，几天当中，有20万居民逃到了外地。

核电站被紧急关闭。

对于这次事故所造成的放射性污染，一直有不同的说法。有一种说法说这次事故泄漏的放射性物质相当于一次大规模的核试验的散落物；另一种说法认为，这次事故逸出的放射性物质并不像人们所传说的那样多，因为核电站的保护设施很完善，堆芯温度上升太高时，裂变反应会自行减弱直至停止，更不会像人们传说的那样会发生爆炸。这两种说法各执一词，一时真假难辨。但从后来的调查看，后面一种说法比较接近实际，哈里斯堡的放射性污染和对人体的伤害并没有开始估计的那么大。这也确实证明了核电站的安全性是有一定保证的。

但是，一次事故放射性物质的排放量往往超过几年甚至几十年的核电站的正常排放量，因此尽可能地避免核电站发生事故，对于保护环境是十分重要的。三里岛核电站从关闭后，十几年过去了，清除电站内部污染的工作至今仍在进行。

81　谁是罪魁祸首

1957 年 10 月 8 日，英国的温茨凯尔核电站出了事。大火烧毁了装着钚元素（Pu）的石墨反应堆，其中的一个反应堆经不住烈火的高温，被熔化了，泄漏了大量的放射性物质。这次事故不像原子弹爆炸那样猛烈、狂暴，当时没有人员伤亡。

但是就在核反应堆被熔化的时候，一些放射性物质随着空气的流动，早已升到高空，有的随风向远方飘去，有的又降落到地面上。

温茨凯尔核电站的周围，有广阔的农田和牧场。庄稼、蔬菜、果树，还有奶牛，都沾染了这些放射性物质。这些放射性物质往往需要几十年以至几百年甚至更长的时间，才会自行消亡。例如 ^{239}Pu 的半衰期是

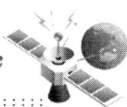

24390 年，也就是说，要经过 2 万多年，^{239}Pu 的原子核数才会减少一半。又如，在污染地区的牛奶中检测出的放射性元素^{90}Sr，它的半衰期是 28 年，虽说它的半衰期短得多，可它的放射性却强得多。在它们缓慢的衰变过程中，水果、蔬菜、粮食和牧草将会被污染，人畜吃了这些食物以后，放射性元素也就进入人体，而过量的放射性元素会对人体产生危害。

在温茨凯尔核电站事故发生后，方圆 40 千米的 800 多个农牧场受到放射性污染，致使 700 平方千米地区内的牛奶在短时期内不能食用。受核污染的水果、蔬菜、牛奶也是如此。

不过，在正常情况下，核电站是相当安全的，只有当核电站反应堆发生堆芯熔化事故，泄漏放射性物质时，才可能对环境造成严重污染。我们不要产生一种误解，以为核电站是危险的。核电站还要继续发展。在有了核电站发生事故的经验教训后，核电站的安全措施将会更有保障。

82　意外起爆的"原子弹"

1957 年 9 月 29 日，一朵庞大的蘑菇云在前苏联乌拉尔地区克什特姆和车里雅宾斯克两座城市之间冉冉升起。蘑菇云不断扩大、升高，好像爆炸了一颗原子弹。

这是怎么回事？目击者都感到一种前所未有的恐惧和疑惑。是原子弹试验吗？事先没有任何通知，不像。是不是发生了核战争，敌国把原子弹丢在这里？也不像，因为自从人类发明原子弹以来，只有 1945 年曾在实战中用过原子弹，那就是美国扔到日本广岛、长崎的两颗原子弹，其余再也没有谁敢用过，就当时的国际形势看，既没有发生世界大战的气氛，更没有丢原子弹的可能。

蘑菇云的直径很快扩大到 10 千米，通过大风的作用，放射性尘埃的扩散范围达到 2000 平方千米。不少人不知该逃还是该躲，也不知道往哪里躲，向哪里逃。每一个村庄，每一个市镇，全乱成一锅粥。

政府组织居民紧急疏散，1 万多居民离开家园。可是，为时已晚，几乎所有的人都没能够逃出核尘埃的污染，在 2000 平方千米范围内的居民，都轻重不等地受到了放射性污染的损伤，有的直接暴露在蘑菇云的核辐射之下，受到了无法治愈的伤害。在几天内，有几百个老人、妇女、儿童相继死亡。

后来，人们才知道，在克什特姆和车里雅宾斯克两城之间升起的蘑菇云，并不是什么原子弹爆炸，而是一个地下核废料贮藏罐发生了意外爆炸。废料中含有大量的 ^{90}Sr。^{90}Sr 是一种极强的对人体危害较大的放射性元素。这次事故，使一个本不是原子弹的贮藏罐变成了"原子弹"，使附近数以万计的居民无端地受到伤害。据统计，至 1957 年年底，死于这次爆炸事故的至少有 1000 人，得放射病者难计其数。直到 20 年后，弥散到地面的放射性物质还没有消除干净。1978 年的检测表明，当时的污染地区仍有 20% 的土地不能耕种。

核废料是个危险的东西，要放进厚厚的铅罐里深埋地下，避免造成严重的环境污染和对人体带来的危害。由于早期处理核废料的措施不够完善，曾出现过一些事故，但是随着科学技术的不断进步，这样的事故将不会轻易发生了。

83 原子弹在头顶爆炸

1954 年，前苏联的乌拉尔地区，正在进行一次大规模的军事演习，

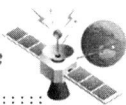

实际上是一次原子弹爆炸试验。

一大群战士排成一排，挥动着手里的镐锹，正在紧张地挖战壕。

"同志们，大家要抓紧时间干!"一位军官站在壕沟边上，提醒正在掩体里干活的战士们。

"放心吧，首长，我们保证提前挖好掩体!"一位班长大声说，他还看看手表，并把戴着手表的左臂伸给那位军官，让军官也看清，时间还早呢。

军官看了那位班长一眼，向别的班排走去。看来，各班各排各连的进度都差不多，再过一会儿，掩体就会挖好了。

突然，一道命令传下来："大家赶快进入掩体，原子弹马上就要爆炸了!"

这道命令本身就像一颗原子弹，炸得战士们乱了营。有人抱怨说："怎么会提前，这不可能!"有的人还跳出掩体，看样子是想问个明白。

一位连长把手一挥，声色俱厉地喝道："不准乱跑，马上进入掩体，进入实战状态!"

就在他话音未落的时候，在500米左右的高空上，一个特别耀眼的大红火球出现了，紧接着传来一声雷鸣般的巨响。大家一看，完了，没等他们掩蔽好，原子弹就在他们的头顶爆炸了。

在原子弹爆炸的过程中，大家谁也不敢动。爆炸过后，才从战壕里陆续走出一些满身尘土的战士。大家你看我，我看你，大眼瞪小眼，全吓傻了。再看看火球的正下方，原子弹早把这里夷

原子弹马上就爆炸!

为了平地，那个地方的战士、战壕、镐锹，全都化为乌有。

幸存下来的战士们，当晚都感到喉咙发干，头疼，耳鸣，当时大家也不知道这些症状意味着什么，只当是被吓的，或者是叫原子弹的爆炸声震的。他们哪里知道，他们已经受到了严重的核辐射伤害。不少人因此得了原子病，有的脊髓受到损害，有的后来成了盲人，有的关节疼痛难熬，还有一些人死去了。

前苏联当局对这件事一直严加保密，所以究竟死伤多少战士，至今仍不清楚。直到1989年，前苏联报纸才透露，说1954年曾发生过原子弹演习事故，这时已过了35年。

原子弹是现代战争中的有力武器，杀伤力、摧毁力极强，它带来的环境污染和后遗症也是无穷无尽的。我国政府的立场是：在任何时候和任何情况下都不首先使用核武器，并且主张全面禁止和销毁核武器。

84 切尔诺贝利的灾难

在白俄罗斯日托米尔省奈洛日基地区，有一个叫科尔赫兹的地方。近几年，这里的怪事层出不穷，接连不断。仅1988年1月至9月，就出现了70多头畸形家畜，有不长腿的牛，有不长头的猪，还有的小猪的脑袋像个青蛙，秃头秃脑的，也有的牛长着眼窝，却没有眼珠。这些畸形的小猪、小牛当然一个也长不大，生下来不久，很快就死去。

这是怎么回事？人们很快联想到1986年发生的切尔诺贝利核电站大爆炸。在这个核电站大火冲天的时候，有人就作出过一个可怕的预言。预言说，日托米尔省离核电站只有五六十千米，寒气迫人的东风会把大量的放射性物质带到这里，人畜都会因为放射性污染而受到无法弥

补的伤害。当时，核电站则一再声称，爆炸事故造成的破坏是很小的，放射性物质的扩散范围也很有限，散发到环境中的核物质剂量是很低的。尽管人们宁愿相信核电站的安抚，不愿意相信预言者的说教，但事情的发展却与人们的愿望背道而驰，可怕的预言逐渐被事实证明。经过检测，奈洛日基地区的伽马射线直至1988年秋天，仍保持在每小时2毫伦琴的水平以上，相当于白俄罗斯首都基辅的148倍。不巧的是，基辅在核电站以南，相距130千米，日托米尔省在核电站以西，相距只几十千米，而当天正好刮的是大东风。

切尔诺贝利核电站爆炸造成的损失当然不止是出现了许多没头没腿没眼珠的猪和牛。核电站出事以后，周围30平方千米的地区成了死亡区，13.5万人被迫紧急撤离，逃往他乡；白俄罗斯20%的农田、220万人居住的地区被严重污染，污染区人群中癌症和甲状腺病患者急剧增加，家畜畸形者比比皆是。至1990年，共计因事故烧灼、辐射致死237人。事后，为处理这起事故，共出动了26万人，清洗了2100万平方米的厂房设备、600个村庄的受污染的物品，填埋了50万立方米的被污染的脏土，又为背井离乡的居民新建了21000座住宅，总计损失120亿美元。要想完全消除核电站爆炸造成的后果，还需要更多的资金和相当长的时间。

也许你会问，不是说核电站有好几套保护设施，是相当安全的，怎么会发生这么大的事故呢？

说起来，这本是一件不该发生的事。

切尔诺贝利核电站是个相当大的电站，4台机组，总装机容量400万千瓦。1986年4月，4号机组进行例行检修。由于工作人员多次违反操作规程，致使核反应失控，反应堆能量突然加大。4月26日，反应堆被熔化燃烧了，终于酿成了大祸，反应堆变成了一颗"原子弹"，轰隆隆的爆炸声接连不断，尽管反应堆有保护壳，那也经不住如此强大的冲击力，顷刻之间就被摧毁。这时，厂房起火，厂区一片火海，当场2人被炸死，或者是被烧死，204人被辐射烧伤。消防队用水或化学灭火

剂来扑灭大火，简直是杯水车薪，无济于事。试想，一个原子弹点着了，即使这个原子弹再小，也不是消防队所能浇灭的，水一喷到火上去，转瞬就被蒸发掉，几乎不起任何作用，连一位指挥救火的将军也牺牲在熊熊大火当中。大爆炸引起的大火一直烧了 12 天，直到 5 月 8 日停止燃烧时，厂房附近的温度仍有 300℃。此后才能开始复杂的调查和处理。

事故的发生很简单，违章操作，一瞬间就发生了，而收拾事故的后果，却不知多么复杂，多么缓慢。我们经历过的很多事情差不多都是这样的，这是人们不可忘记的深刻的教训。

85　网开三面

商汤是商朝的开国国君。有一次，商汤来到野外，看见有一个人正在张网捕鸟。那个人在一块平坦开阔的地方，在东面、南面、西面、北面都布下了捕鸟的鸟网。布好网以后，他跪在地上，连连磕头，大约是向上天祈祷，求上天帮助他多抓住些鸟儿。只听见他翻来覆去地祷告说：

"愿天下四方的鸟儿，都飞到我的网里来，愿天下四方的鸟儿，都飞到我的网里来！"

商汤听他祷告，先没有惊动他，等他祈祷完站起来后，才走了过去。

那位捕鸟者见有人来了，吃了一惊，一看是好几个人，连连摆手说：

"哎哎，你们别过来，别惊了我的鸟儿！"

商汤嘻嘻一笑，很和蔼地说：

"你这是想把天下四方的鸟儿一网打尽啊！"

"这你管不着！那人很不高兴地说。"

"哎，话不能这么讲，爱惜草木鸟兽，自黄帝、炎帝时代起，就有

网开三面，给鸟儿留下生路。

规定，不爱惜草木鸟兽，人们可以管，我怎么就管不着呢？"商汤仍很耐心地说。

"你是谁？"

商汤手下的人沉下脸来：

"你这人真是有眼无珠，连国君都敢顶撞吗？"

那个捕鸟的人一听，吓出一身冷汗，赶忙跪倒在地，连声说："汤王恕罪，汤王恕罪，小的无知，小的无知。"

"好啦，好啦，"商汤扬扬手说，"你也不必跪了，赶快起来，把东面、南面、西面的网都撤了，只留北面的就得了！"

捕鸟人忙不迭地撤了东、南、西三面的网。

商汤双手并拢，对天作揖，像是对鸟儿讲话似地祷告说：

"愿往左的往左飞，愿往右的往右飞，快快飞回鸟巢去，不听我令的，你就自投罗网吧！"

当时，各诸侯听说这件事以后，都夸赞商汤爱护鸟兽的做法，说他宽宏大度，道德高尚。

后来，还因此有了"网开三面"的成语。意思是对于大自然的生物，可不能赶尽杀绝呀！

86 里革面斥鲁宣公

春秋时期，山东地方有一个小国叫鲁国。一天，鲁国的国君宣公带了一些随从来到泗水河边撒网捕鱼。

网刚撒下去没多久，突然跑来了一个人。只见他一言不发，扯起水里的渔网就撕，直到把渔网撕烂，扔在地上，才气咻咻地来到鲁宣公的面前。

大家定睛一看，不是别人，原来是鲁国当朝大夫里革。

只见里革满脸怒气，义正词严地对鲁宣公说："我国自古就有保护万物生灵的规定，春天，当鸟兽繁殖的时候，掌管山林的兽虞官就禁止人们用兽网、鸟网去捕捉鸟兽，为的是让鸟兽能正常繁殖；夏天，鸟兽长成、鱼虾要产卵了，这时水虞官就禁止人们用小眼网捕鱼，为的是保护幼鱼。这是人所共知的。"

鲁宣公的随从们叫里革说得个个都低下了头，因为他们都知道，里革说得对。但是，里革的话一停，他们的目光都投向鲁宣公，因为里革的话再对，也得鲁宣公点头才算数。

里革似乎根本没注意这一切，又说："而且山上新生的树条不应再砍；湖里没长高的水草不能去割；即使祭祀祖宗，捕鱼不能连小鱼一块儿捞上来；猎兽不得猎幼兽，要让它们长大；还要保护鸟蛋，抚育小

鸟。就是对蚂蚁和蚂蚱，捕捉它们的时候也要留下它们的幼虫。一句话，让万物自由生衍繁殖，这是自古就有的规定。"说到这儿，里革竟指着鲁宣公说："现在鱼刚好在产卵繁殖的时候，您竟撒网捕捞，使它们无法繁殖，也有点过于贪得无厌了吧?!"

里革说完这席话，人们都看到，鲁宣公的脸腾地一下红到了耳根。大家心想，这下里革要遭殃了。

不料，鲁宣公说："里革说得对，我有错，里革给我指出来了，这很好!"他转身对随从说："里革撕破这张网，却给我带来了古人之法，你们要把这张网给我好好保存起来，留作纪念，让我们永远不忘!"

大家听了鲁宣公的话，都愣在那里，过了好一阵，有一位随从才说："保存破网虽好，但不如把里革留在您的身边，这样才更不容易忘记古人保护自然资源的规定!"

87　螳螂捕蝉

庄子是春秋时代的大思想家，他的名字叫庄周。他曾经写过一个故事，大意是这样的：

有一天，庄周到一个叫雕陵的栗园中去散步。当他走进篱笆墙里面的时候，看见一只异乎寻常的大鹊从南面飞来。按照当时的尺寸衡量，大鹊的翅膀有2米多长，眼睛有3厘米来大。大鹊似乎是旁若无人，目空一切，在飞向一棵栗树时，还把庄周的额碰了一下，随后落在那棵栗树上。

庄周的额被碰痛了，好不来气，骂道："这是什么鸟，翅膀这么大却不飞走，眼睛这么大却看不见，瞎哩咕叽，竟碰着我的额!"庄周心想，我非把你抓住不可。他轻轻地提起衣裳，不让衣裳发出窸窸窣窣的

响声，小心翼翼地迈着步子，轻手轻脚地接近大鹊，选一处浓荫之地隐蔽起来，拿出了弹弓。

庄周正要瞄准大鹊，准备发弹子打它，忽然看到一桩有趣的事：一只蝉站在栗树树阴里得意洋洋地鸣叫，突然被长着大臂的螳螂抓住，动弹不得；螳螂因为一举捉住蝉而兴高采烈地手舞足蹈起来，想不到又被停在树梢上的大鹊一把抓住，大鹊也扇动起自己的翅膀，得意忘形起来。庄周心里说，你们都吃了得意忘形的亏，就连大鹊也一样，还不是没注意到我要拿弹弓打你吗？庄周高兴得仰头哈哈大笑。只听背后一声大喝："大胆蟊贼，给我站住！"庄周闻声回头一看，是管理栗园的虞人正在赶来，原来虞人把他当成偷栗子的贼了，早就在远处盯上了他。

虞人是古时候管理山林川泽的官。这位守护栗园的虞人把庄周追上，好一顿斥责。庄周回家后，三天没有出门，一直在思索自己在栗园的所见，还把这件事讲给弟子们听，并说："看起来，世界万事万物都是互相牵连的，真是一物降一物啊！"

后来，"螳螂捕蝉，黄雀在后"就成为一个成语，用来表示一物降一物的意思。不过，庄子讲的这个故事，很可能是一个真实的故事。其实，这个故事倒也说明了生物之间互相联系、互相制约的生态学原理，既形象，又确切。

螳螂捕蝉，黄雀在后，真是一物降一物啊

88　借谣复湖

　　河南省正阳县在历史上曾有过很多湖塘，当地管湖塘叫陂（pí）。在汉朝的时候，正阳叫慎阳县，所以，很多湖塘就以慎字为名，如上慎陂、中慎陂、下慎陂等等。公元前 32 年～公元前 8 年的时候，是西汉成帝当政。有一个叫翟方进的人出了一个馊主意，他说湖塘不长粮食，不如陆地可以种庄稼，汉成帝听信了他的话，便下令把慎阳县的湖塘统统填平，改成了农田。

　　过了二三十年，东汉光武帝建武年间，邓晨来做汝南太守。他看到他管辖范围内的正阳县很多湖泊由于改成了农田，不但没给老百姓带来多少好处，反而弄得雨水多时没处存水，天旱时无水浇地，旱涝交加，连鱼也难得吃上。他决心废田还湖，可有一部分人反对，他们说："太守大人，废湖成田那是成帝的旨意，可千万动不得呀！"还有人说："您若废田还湖，成帝在天之灵是不会饶恕的。"

　　邓太守心里很明白，一些人所以反对复湖，大多是因为他们的田产就是毁湖而来的。当时人们的迷信思想很重，所以还不能操之过急，贸然行事。

　　后来，邓晨听说许伟君精通水脉，是个水利专家，就请教他。许伟君说："太守不需费心，过几天，我可以到太守府和那些反对派们论证论证，保他们无话可说。"

　　过了一些日子，许伟君来到太守府，参加了邓太守召集的论证会。开始，许伟君一言不发，只是细听那些反对派在陈述不可复湖的种种理由，其实，说来说去，主要还是那句话，湖是成帝废的，不可更改。许

童谣中不是说"陂"应当恢复吗

伟君看他们说得差不多了，便发言说："成帝下旨废湖，是有这么回事，可你们知道吗？成帝归天以后，玉皇大帝恼怒地斥责成帝：'你听信翟方进的一面之词，竟敢败我濯龙渊，以后老百姓的日子怎么过？'"

反对派一时愣了。可有人反问："你怎么知道玉帝说过什么话？"

许伟君不慌不忙地说："你们没听见大街上小孩子们在唱什么歌谣吗？'败我陂，翟子威，反乎覆，陂当复……'童谣自古以来，无不应验，难道这还有什么可怀疑的吗？"

反对派再也没人吱声了，因为这些童谣到处传唱，他们也早有耳闻。童谣的意思，就是说翟方进（翟子威是他的字）破坏了湖塘，现在该复湖了。

邓太守当即下令，修塘200平方千米，废田还湖，使大部分湖塘得以恢复。这下子，雨水多时有地方贮水，不至淹没大量农田；天旱时可抽湖里的水浇地，农业收获反而增加了。湖里还可养鱼放鸭，好处多多，老百姓拍手称快。

围湖造田与废田还湖的争论，从古至今，现在基本有了定论，那就是必须考虑到生态平衡，绝不能盲目围湖造田，保护水土资源也是环境保护的一项重要内容。至于在2000年前，小孩子就能唱出具有环境保

护意识的童谣，这大概是许伟君教孩子们唱的。许伟君借用这首童谣，使反对复湖者哑口无言，才使复湖的事能够顺利进行。

89　杏林春暖

中国常用"杏林春暖"、"杏林春满"这样的美言来赞誉医生的医术高超。这"杏林"和医术有什么关连呢？其中有一段历史故事。

三国时有一个吴国人叫董奉，他精通医道，乐善好施，远近闻名，来求他看病的人络绎不绝。

一次，一个病得很重的人被抬来。董奉立即给他号脉、扎针，又给病人服下一付汤药。病人感觉好一些了，董奉又给他包了几包草药，嘱咐他回家按时煎服。病人问要多少钱。

"现在不收钱，"董奉说，"等你的病好了再说。"

病人和家属千恩万谢后作揖告别。

过了几天，那位病人病全好了，他背了一口袋铜钱，来面谢董医生。进了诊室，只见董奉正在和另一个病愈的人说话，前面说了些什么，他没有听到，只听见董奉最后一句话是说："……那你就去栽3棵杏树吧。"

那位病人走后，这位病人上前来说："董医生，您真是个神医，我的病经您看过以后，当天就大有好转，没出5天，就全好了，我真不知道该怎样感谢您。今天，我把药钱全带来了。"

董奉面露笑容，问："你真要感谢我吗？"

"是呀，是呀。"

"好，好！"董奉哈哈大笑，"钱你还是带回去，咱们按老规矩办！"

"什么老规矩？"

"在我这儿看病，从不收钱，只要你的病好了，给我栽几棵杏树就成，治好大病的栽 5 棵，治好小病的栽 3 棵。"

这位病人连连称谢，当天就栽下 5 棵杏树。

由于病人心中都十分感谢董奉治病救命之恩，所以他们栽树格外认真，树的成活率也特别高。董奉的房前屋后栽满了杏树，总数有上万棵。春天，杏花烂漫；夏天，黄杏满枝。董奉还用卖杏得的钱，买粮买药，周济穷人，后人才有用"杏林"来赞誉医家的比喻。

其实，从提倡植树造林的角度看，董奉用的这个方法也还是很有独到之处的。有林有树有果，不但美化了环境，可增加收益，也可使水土宜人嘛！

90 松赞干布巡视川西

松赞干布是中国藏族人。他在公元 629 年铲除内乱，统一青藏高原，创建了藏族吐蕃赞普，是一位贤明能干的吐蕃君长。与唐太宗文成公主联姻后，被唐太宗封为西海郡王。

一天，一位官兵说有要事报告，松赞干布马上传令召见。

"报告赞普，"这位官员开门见山说，"我听说阿坝州的头领们烧山围猎，大片原始森林被砍被烧，这样下去，恐怕这些地方就无法居住了。"

松赞干布听后有点震惊："我们好不容易得到了川西这几个州县，难道是让他们这么糟踏的吗？"

"听说，这些地方的头人都是您的部下，他们仗着攻打川西北有功，

根本不听劝阻，因此这事恐怕还得大王出面干预。"

松赞干布十分恼怒，站起来说："就派你去调查一趟，回来如实报告。"

过了几个月，这位官员调查归来，说阿坝州一带的环境恶化的情况比想像和传说的还要严重。松赞干布决定亲自巡视川西。

来到川西阿坝州，松赞干布惊呆了。他领兵攻阿坝州的时候，这里还是青山绿水，一派欣欣向荣。现在呢，到处是光山秃岭。山上没有树，山沟没有水，泉眼十有九干，老百姓种的庄稼旱死了很多，放的牛羊也因为缺水缺草而经常迁移，日子过得很苦。

在黄河和白河会合的地方，松赞干布召集各部落和寨子的头领开了个会。会上，他严厉批评了那些破坏环境的头领："入地狱的人们啊，你们是在吃先王的饭，造子孙后代的孽，你们把森林烧了，今后不打算过日子了吗？"

那些毁林的头领们，一个个低下了头，谁也不敢吭声。

松赞干布接着说："你们给我规划一下，把山林分成两部分，一部分是神山，归寺庙看管，要绝对保护，山上的树木禁止任何人砍伐，违反的，格杀勿论；另一部分是公林，归部落、寨子管理，这部分公林要合理保护利用，如必须采伐，也要有计划地进行；采伐后要及时补栽，这样才能长久利用。"

那些头领们回去后，都按照松赞干布的话去做，再也没有发生烧山围猎毁灭自然资源的事。

松赞干布的命令，一直被执行了1000多年，直到20世纪50年代，当地的藏民仍严格遵守这些规定，因此，在新中国成立时，四川阿坝州的森林植被还保护得很好，可爱的大熊猫在那里也得以繁衍。应当说，松赞干布为保护川西北藏族聚居地区的生态环境建立了不朽功勋。

91 唐玄宗火烧羽毛衣

　　唐朝中期，韦皇后横行，朝政腐败。这些执掌朝廷大权的人不想着怎样把国家治理好，只想着挥霍百姓的血汗钱，尽情地享受。韦皇后和唐中宗的女儿安乐公主互相攀比，看谁穿着打扮更豪华。有一次，皇宫里的后勤官为讨好这两个人，给她俩一人一条珍贵无比的毛裙。据古书记载，这毛裙是用百鸟的羽毛织造的，色彩艳丽，变化多端，正看是一种色彩，从旁边看，又是另一种颜色；在阳光下看为一色，在背光处看又是另一色；粗看只是五彩斑斓，细看则百鸟形状尽在裙上。韦皇后想，毛裙虽好，并非天下独一无二，还是分不出高低。于是，她又悄悄命人用百兽的毛给她做了一块坐垫，并且到处夸耀，惟恐人们不知。自从她俩这么讲排场、摆阔气，做了毛裙、坐垫以后，朝廷的官、地方的吏，都跟着学，一时间，大家都想方设法捕捉珍禽异兽。

　　后来，唐玄宗李隆基当政。宰相姚元之、宋璟向他建议说，如果不制止这股奢靡之风，南北各地的鸟兽就要被捕尽逮绝，朝政也将进一步腐败下去。但也有人对唐玄宗说，下面的官吏倒好办，只是宫中的后妃、公主等人，是不是给一些特殊照顾。唐玄宗拍案而起，正言道："自古以来，总是上行下效，不制止上面，如何能管住下面！"

　　有一天，宫中各处都接到唐玄宗的命令，说要每个人把自己的华美衣物都拿到大殿去。很多人不明就里，有些人还以为要展示一番，评个高低呢。

　　这一天，宫廷内外后妃、公主和大臣们的华美衣物都集中在一起了，穿的，戴的，铺的，盖的，应有尽有，真是令人眼花缭乱，目不

暇接。

唐玄宗来了，大家三呼万岁，行三拜九叩大礼。玄宗叫大家平身后，让宦官宣读诏书。这时，那些嫔妃们、大臣们全傻了，皇帝的诏书不是让大家来炫耀自己的衣物的，而是下令把这些华衣美裘全部烧掉，以后任何人不得再做。

只见一股滚滚烈焰冲天而起，一大堆用鸟羽兽皮做的华丽的衣物顷刻间化为灰烬。这一把火，不仅烧掉了朝野奢侈歪风，也烧掉了毁灭珍禽异兽的邪气。从此，

圣上下诏把那些华衣美裘全部烧掉

再也没有人去捕杀珍禽异兽，生态环境得到了保护。所以，后世对唐玄宗的这一把火，一直是十分称赞的。

92　张造抗命拒砍古槐

唐朝贞元年间（785 年～805 年），朝廷想制造一批官车，便委派朝廷机关事务管理局的度支使负责办这件事。度支使眉头一皱，计上心来，心想，长安城外的官道两旁，有很多大槐树，用槐木打造车具，那可是太棒了！于是，度支使起草了一道公文给离长安城不远的渭南县县尉张造，命令张造派人去砍伐长安城官道两旁的古槐，而且必须限期

完成。

张造接到这道公文后，颇感为难。如果照度支使的命令干，长安官道的百年古槐就要毁于一旦，实在是太可惜了；如果不执行命令，不但会丢掉乌纱帽，也许还会丢掉脑袋，因为度支使的公文和圣旨也差不了多少。他思来想去，咬了咬牙，拿起笔就在公文上奋笔疾书起来。幕僚们知道了这件事，都想知道张造在写些什么。这一看，可不得了，张造要抗命：

"近日收到了要我们砍伐官道古槐的命令，我们难以理解。既是打造官车，难道就找不到好木材，非要砍伐官道上的古槐吗？长安城外的古槐，已有百年历史，经年供行人歇凉，学子遮荫，怎能就在我们这一代人手上给毁了呢？再说，砍槐造车虽然满足了一时的需要，但却破坏了百代以来植树护林的规矩，这总不大妥当吧？不管怎么说，您就是把斧子交到我手里，我也不忍心下手砍树……"

幕僚们忙说："大人，这可使不得，弄不好要杀头的。"

张造冷静地说："那就让他们先砍下我的头，再砍官道古槐吧！"

张造派人把自己提了意见的公文送回到度支使那里。度支使看了张造写的那些话，大为恼火："这简直是反了，竟敢抵制我的指示。"但又想，我一个度支使又不能直接治他的罪，还是让皇帝下旨收拾他吧。

度支使把张造写了字的公文原封不动地呈给德宗皇帝看。他想，皇帝一定会大发雷霆，下令逮捕张造的。谁知德宗皇帝看完公文后，只把它放在了御案上，沉思片刻后说："张造的话有道理，不能让百年古槐毁灭，砍伐官道古槐的事就免了吧！"

应该说，长安城外百年古槐能安全保存下来，那是张造奋不顾身保护的结果，当然也由于德宗皇帝的明智决断。其意义不只是保护了百年古槐，从环境保护的角度来看，更维护了爱护树木、重视环保的传统，这是十分可贵的。

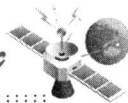

93 西湖沧桑留美景

我国杭州的西湖环境优美，是著名的游览胜地，可是历史上的西湖却曾是另一番景象。

西湖古时与大海相通，后来由于泥沙阻塞了通道，才形成西湖。西湖一直无人管理，衰败不堪，直到唐朝中期李泌当上杭州刺史后，在杭州城打了六眼淡水井，解决了杭州人的饮水问题，杭州逐渐繁华起来，西湖也才开始有了生机。

谁知，李泌调走以后，接替他的刺史只知催粮要款，不问民间疾苦，久而久之，六眼井渐渐埋塞，百姓吃不到淡水，杭州民不聊生，西湖也凋谢零落。824年，唐朝诗人白居易到杭州做刺史，重修了六眼井。白居易又在西湖边植树造林，修堤筑坝，才使西湖的景色更加优美。现在西湖著名的白堤，就是那时的纪念。

白居易走了之后，西湖又没人照管了。后又经历了五代战乱，西湖里枯枝败叶淤积湖底，湖水变浅，西湖湖面有一半成了沼泽地。这时宋朝文学家苏轼来杭州做知府，认为西湖必须赶紧整治，于是在1090年上书给哲宗皇帝，请求疏浚西湖，恢复西湖。哲宗批准了他的请求，苏轼就下令把淤塞西湖的淤泥挖出来，筑成一条新的湖堤，并栽树护堤，这就是现在著名的苏堤。这样，西湖又获得了新生。

但是，苏轼以后的官员，并不太注意管理西湖，西湖年久失修，淤塞又渐渐严重起来。到了明代，当地的豪强绅士非但不去保护西湖，反而趁西湖淤塞之机，开田种地，硬把西湖一块块瓜分强占了去。眼看西湖将不复存在。幸亏朝中尚书孙原贞，向代宗皇帝告发了那些盗湖为田

的豪绅，并建议有关方面立即对西湖进行疏浚挖淤，原先占湖开地的一律要退还，今后要严禁侵占西湖。代宗皇帝采纳了他的意见，又一次把西湖从消亡的边缘救了过来。

西湖历尽沧桑，几经危难而未消亡。新中国成立后，政府又对西湖进行了全面疏浚，植树绿化，修葺名胜，使西湖一天比一天更美丽。因为环境优美，还在西湖建立了疗养所。

现在的西湖，湖光山色，风景旖旎，名胜环绕，令人神怡，完全是我国人民创造的美好环境。

94　白居易罚罪人植树

唐朝大诗人白居易很重视环境保护，他到哪里就在哪里栽下许多花草树木。他在做江州（今江西九江）司马时，从庐山移栽了桂树和山石榴。移栽的山石榴迟迟不开花，他就写了一首诙谐的小诗说："小树山榴近砌栽，半含红萼带花来，争知司马夫人妒，移到庭前便不开。"后来，他升调为忠州（今四川忠县）刺史，又把石榴移了去，栽在他的宅院里，精心培育，终于开了花，白居易十分高兴。

后来，白居易到杭州做刺史，整治西湖。他想，应该在西湖边栽植更多的树，这样才能使西湖的环境更加优美。白居易别出心裁，制定了一项政策：今后，不管是谁犯了法，先要罚他在西湖边上栽三棵树，然后再量罪判刑。谁知这项措施一出台，就有人反对。有一个酸溜溜的秀才咬文嚼字地说："植树造林，乃兴利除弊之举，青史留名之业，怎能让犯人去干？"

白居易反问他："犯人栽树，有何不好？"

犯人犯法，罚他先栽树三棵

酸秀才摇头晃脑地说："古云，前人栽树，后人乘凉。后人并不知树是谁栽的，当他们称颂前人栽树功德的时候，岂不是连犯人也要受到称颂，这有伤风化！"

白居易哈哈大笑："犯人犯法，就是伤风败俗，罚他栽树，正好以树补风，有何不可？"

秀才无言以对，只得面红而退。

后来，白堤上果然栽了不少树，形成一条绿色长堤。

95　泰布纳和《畲山谣》

唐朝末年，南岳衡山福严寺来了一个叫京泰的和尚，因为他常穿一件破旧的布纳出出进进，其他僧人就给他取了一个诨号，叫泰布纳。后来，泰布纳当了衡山佛寺的掌翰，拿现在的话说就是主持。

泰布纳当了佛寺的头头以后，对佛寺周围的环境十分注意保护。他看到当地的老百姓种田时采用畲（shē）山的办法，对南岳林木破坏很

厉害，心中很着急。畲山，就是先放火烧山，把山上的树木杂草统统烧光以后再种上庄稼，这就是通常所说的刀耕火种的原始农业生产方式，不仅很落后，而且山上没有了草、树，水土极易流失，生态环境也遭到了破坏。

泰布纳想了很久，觉得应该给老百姓普及一点保护环境的知识，让大家自觉地废除刀耕火种的做法，就写了一首歌谣，叫《畲山谣》，用现在的话来说，大意是这样的：

　　畲山呀，畲山呀，
　　年年烧树为哪般？
　　衡山有林多么好，
　　年年滥烧怎得了？
　　没有青草浓烟飞，
　　灵禽鸟雀无家归。
　　猿猱鹿羊无路走，
　　山上尽是光石头。
　　刀耕火种伤元气，
　　子孙后代都无益。

泰布纳的这首歌谣，不仅指出了刀耕火种对山林草木的摧残，而且说明山林中的野生鸟兽因失去森林这个栖息地而面临绝境的道理，这是很符合现代生态学观点的。他让众僧们都来传唱这首歌谣，并且教给当地老百姓唱。由于泰布纳的努力，在他当掌翰的二十年当中，衡山林木得到很好的保护和恢复，所以当地地方志记载说，南岳的千年古柏大松能有一部分保存下来，那是泰布纳的功劳。

后来，《畲山谣》传到了京城，连皇帝也听说了。皇帝十分赞许泰布纳保护山林的努力，专门下诏，支持泰布纳的行动，禁止衡山再采用刀耕火种的做法。

因此，南岳衡山到现在仍是林木郁密，鸟兽欢愉的旅游名胜之地。

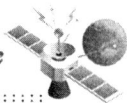

96　石油必是有用之物

　　公元1080年，正是我国历史上的北宋。这一年，大科学家、大学者沈括出任鄜延路经略使。鄜延路管辖的范围包括鄜州府和延安府，大体相当于现在的延安地区。延安府旧称高奴县，传说那里出一种脂水，就是一种水面上浮着一层油的水，博学多闻的沈括早有耳闻。这次到鄜延路任职，他当然要弄个明白。

　　沈括经过实地考察，证明所谓脂水，就是现在所说的石油。"石油"这个名字，就是沈括给起的。据沈括写的科学名著《梦溪笔谈》记载说，石油生在沙石之中，有水的地方，常与泉水一起从地下涓涓流出。当地人用山鸡尾羽将泉水中的石油撇出来，收集在大缸中，黑乎乎的，很像稠漆，烧起来就像烧着了麻类纤维，烟很大，床帐之类很容易被石油燃烧时产生的浓烟熏黑。

　　沈括是个很能动脑筋的人。他见到石油烧出的烟很黑，马上就想到这是不是有用。他是一个文人学者，自然首先想到用这种石油烟黑制造文房四宝之一的墨。他说干就干，当即扫了一些烟黑制成墨，想不到效果非常好，那石油烟墨黑光如漆，比用烧松枝取的烟制成的墨好得多。

　　初次试验的成功使沈括大受鼓舞，甚至兴奋得夜不成寐。他又想，石油可以代替松木做墨，这只是大材小用，石油代替木材做燃料，那才是正用场呀！石油出自地下，一定很多，用也用不完，不像松木那样，砍得太多就要枯竭。如今，山东一带的松林早已被砍光了，太行、京西以至江南很多地方的松山大半是光秃秃的，这太可悲了，全是因为很多人不知道石油可以代替松木的知识。再说，当时还发现了被称作石炭的

煤，沈括想，用石炭不是也可以代替木材吗，为什么一定要把山岭砍得光秃秃的呢？

想到以石油代替木材，以石油救森林的事，沈括格外高兴，赶快爬起来把自己的想法写下来。

在900多年以前，西方各国还不知道石油、石炭为何物的时候，沈括就提出以石油、煤代替木材做燃料以保护森林的想法，这在世界能源史和环保史上都是值得大书一笔的。

97　松杉绿遍南澳岛

在离广东汕头市不远的海上，有一个小岛叫南澳岛。南澳岛虽然不很大，却地处要冲，形势险要，每个朝代都派兵驻守。

明朝万历年间（1573年～1620年），第九任南澳岛副总兵陈璘走马上任，来到岛上。他沿岛巡视一遍，觉得南澳岛风光旖旎，只可惜缺少树木，不少地方光秃秃的，泥土流失，风沙弥漫。心想，这么个好岛，怎么没有树木呢？问当地人，当地人含糊其辞，只说是不知道该怎么种树。

陈璘想到古人说的"种树之方，和为官一样，必须有长远打算"的教诲，就把三个地方官找了来。陈璘问这三位地方官："南澳岛的山怎么样？"那三位异口同声地说："不错不错。"

陈璘又问："南澳岛的土怎么样？"那三位都齐声回答说："肥沃得很。"

陈璘趁他们三人还像丈二和尚摸不着头脑的时候，接着说："三位高见。南澳岛的山确实是好山，南澳岛的土确实是好土。既然这里的山

是好山，土是好土，怎么没有树呢？"

这三位虽然做官许久，却从未想到过绿化，多少有些不好意思，就含混地说："恐怕是这儿的人不懂得植树的方法。"

陈璘立即抓住他们的话茬说："如果你们想到植树对日后有好处，还能找不到植树的方法？南澳岛以前没长过树吗？都是叫人砍光了。如果你们像爱惜琴瑟那样爱护树木，在需要木材时有节制、有计划地采伐，南澳岛怎么会是今天这个样子呢？"

不到一年，南澳岛就绿了

这三个地方官一个个渗出了细汗，因为他们既为过去没尽到保护海岛林木的责任而惭愧，又为陈璘言之有理的一番话而心悦诚服。

陈璘见时机成熟，就向这三位地方官布置了植树任务。陈璘捐出部分官粮结余，买了3万株松苗，3万株杉苗，让各营的士兵种在海岛各处山岭，并且发布爱护山林的法规。那三位地方官也都动员自己的部属一起植树造林。

其实，士兵们都懂得植树的道理，虽然很劳累，但都很乐意干，一个个争先恐后，所以6万株松杉小苗很快就栽种完了。不到一年，全南澳岛就绿化了，而且人人都不再乱砍乱伐。

一年后，陈璘调离了南澳岛。他虽然走了，遍岛的小树却长起来了。由于人们精心管理、爱护山林，南澳岛很快成了冬夏常绿的海上明珠。

98 庠生上书植柳

　　在清代的中期，有一个有名的皇帝，叫乾隆。乾隆当了 60 年的皇帝，这在中国的帝王中是少有的。乾隆皇帝还有一个很特别的习惯，就是喜欢出外巡视，考察民情。

　　一次，乾隆南巡，途径山东临沂，天色已晚，就下令住宿在当地。

　　忽然有位官员启奏说："皇上，我接到一封平民写的意见书，皇上是否愿意看一看？"

　　"讲些什么？"乾隆问。

　　"讲国计民生的。"

　　乾隆兴致正高，便说："拿来让朕看一看。"

　　乾隆接过意见书一看，果然是讲兴利除弊的，其中有一段说：在山东临沂、郯城一带，历来没有柳树。但是，每次在黄河汛期修堤防洪的时候，都需要大量柳木，分给临沂、郯城二县的任务是一千多捆柳木。当地没有柳木，只得到外州外县去采购，待运到黄河岸边，需要两个月的时间。因为采买难，运输更难，而且更主要的是，容易耽误了汛期治堤。意见书建议把买柳木的钱分发到各县乡，让乡民们多栽些柳树，让士兵负责看守上十来年，柳木一定能长大成材，以后再治河修堤，就不用为无柳木而发愁了。皇上南巡一趟，总得干些兴利除弊的事，才不辜负百姓的期望呀！

　　乾隆看罢，不由地点头，心想，这封意见书确实写得不同寻常，从治河联系到收购柳木，从收购柳木想到二县百姓的艰难，从官柳官植官用想到动用兵士护林，还想到提高皇帝的威信，真不简单。

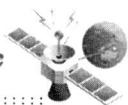

"写这封意见书的人，官居何职？"乾隆问。

"他未曾做官。"

"难道百姓中有这样热心公事的人？"

"他是个庠生。"庠（xiáng），是古代对学校的称呼，庠生就是说，他是一个学生。

"什么，"乾隆有点吃惊，"他是个孩子？"

"对，他只是乡村学校的一名普通学生。"

面对着一位"中学生"这样的少年，写出这样很有见地的意见，乾隆皇帝显然被感动了，他连说："难得呀，难得！"

据地方志记载，这位少年的名字叫王卣（yǒu）。王卣那么小就想到了治河、植树这样的大事，并敢于给皇帝上书，确实难得。

99　计字植树

在四川省峨眉山上，有很多佛寺，其中有一个叫伏虎寺。清朝的时候，朝廷拨款重修寺院，使伏虎寺的面貌焕然一新。寺里的主持寂玩和尚见寺周围的山上光秃秃的，就让众和尚栽树。只见众和尚今天栽榛树栽楠木，明天又栽柏树栽杉树，也不知栽了多少。寂玩和尚总是让大家继续栽，好像远没有停止的意思。

有个和尚栽树栽烦了，就问寂玩："师父，咱这树栽得够多的了，您还得栽多少才算完呢？"

寂玩问道："怎么，你受不了吗？"

"不不不，"那和尚不好意思地说，"我是说，您也上了年纪啦，差不多就得了。"

"那你说，栽多少为好呢？"

那个和尚红了脸，一时语塞，答不上来。

寂玩又问："你知道白龙洞别传和尚手植功德林的故事吗？"

和尚支支吾吾地说："不，不太清楚他们寺院的事。"

寂玩说："你叫大伙都过来，休息休息，我给你们讲讲功德林的事。"

栽树的和尚们一听说师父要讲故事，很快就围坐在寂玩的周围。

"那是先朝的事了，"寂玩像讲经似的严肃，"古龙洞也是刚刚修葺完毕，洞主别传和尚就动员大家广植榛楠。他们一边念《法华经》，一边栽树，经上有一个字，地上就栽一棵树。《法华经》共有69777个字，就栽下69777株树木，一株也不少，足足1千米见方一大片呢！"

"那我们也要栽这么多树吗？"

"不，"寂玩闭上双目，"我们栽的比他们还要多！我们要以《大乘经》的字数栽树。"

"啊?!"众和尚一片惊呼！但也没别的办法，只有照寂玩和尚的想法，以《大乘经》的字数去植树。

寂玩和尚学习别传和尚计字植树，虽然是从佛家的教义出发，但客观上起到了绿化美化环境的作用。直至今天，峨眉山伏虎寺的周围几千米翠重荫深，绿云蔽天。